Data Visualization Using R

데이터 시각화

허명회 지음

자유아카데미

■ 머 리 말

데이터 시각화(data visualization)는 자료에 내포된 정보를 내보이는 그림이다. 예컨대 파이 차트, 막대 그림, 산점도, 히스토그램과 같은 것이다. 이런 것들은 오래 전부터 써왔었는데 무슨 이유로 다시 살리는 것일까?

근래의 컴퓨터 기술 혁신이 데이터 시각화에 관한 모든 것을 바꾸고 있기 때문이다. 데이터의 구조와 크기, 그래픽 작업 방식, 보편적 활용 등에서 그렇다.

이 책의 주제는 데이터의 기술적 시각화(descriptive visualization)이다. 분석적 시각화(analytical visualization)는 다루지 않는다.[1] 그러니까 이 책은 수학이 없는 초급 시각화에 집중하며[2] 범사회적 그래프 활용수준의 제고를 지향한다.

이 책은 25종의 그림을 절(節)에 나누어 보인다. 절의 순서는 의미가 없다. 그림책 보듯이 뒤적이다가 마음에 와 닿은 그래프가 있으면 꼼꼼히 읽기 바란다.

25종 그림을 데이터 또는 변수 유형에 따라 몇 개 그룹으로 나누면 다음과 같다. (큰 괄호 안 숫자는 절 번호) 그룹별로 그래프를 접해보는 것도 한 방법이다.

- **시계열 자료:** 채색 달력 [1], 시도표 [22], 지나온 길 [23], 영역 그림 [17].
- **산점도:** 이변량 밀도 [2], '큰' 자료의 산점도 [4], 흩뜨림 [6], 버블 차트 [18], 매개변수 곡선 [16], 조건부 플롯 [24].
- **3차원 공간:** 이변량 히스토그램 [3], 설명변수 2개의 회귀모형 [5], 움직이는 산점도 [25].
- **범주형 자료:** 사각 타일 [7], 테이블 그림 [8], 모자이크 플롯 [9], 나무 지도 [10], 막대 그림 [11], 파이 차트 [12], 단어 클라우드 [20].
- **연속형 변수:** 대시보드 [13], 상자 그림 [19].
- **기타 미분류:** R의 컬러 [21], 행렬의 이미지 [14], 몬테칼로 모의시행 [15].
- **움직이는 그림:** [5], [16], [25].

---

1) 기술적(記述的) 시각화는 데이터의 생김생김에 대한 스케치를 의미한다. 이와 대비하여 분석적(分析的) 시각화는 데이터를 수학적으로 분석한 결과를 그림으로 표현해낸다. 주성분분석과 관련하여 행렬도(biplot)가 그런 예이다.
2) 수학(數學, mathematics)가 없는 것이지 산수(算數, arithmetic)가 없는 것은 아니다.

이 책에 제시된 그림들은 R로 그려졌다. R이 처음이라면 부록부터 읽으면 된다. R 스크립트는 출판사 홈페이지 http://www.freeaca.com의 자료실에서 내려 받을 수 있다. 문제가 있으면 저자에 e-mail stat420@korea.ac.kr을 하면 된다.

이 책에서는 R 스크립트의 세세한 부분을 설명하지 않는다. 설명이 필요한 경우에는 R 시스템 내에서 help( )로써, R 사이트 http://www.r-project.org에서 검색(search)하여 필요한 정보를 얻길 바란다.

R을 기초부터 다지고자 하는 '착한' 입문자들에게는 《R Cookbook》을 권한다 (폴 디터 지음, 이제원 옮김; O'Reilly, 인사이트). R 그래프 함수의 syntax 설명이 필요하다면 《R 그래픽스》가 좋다 (유충현, 이상호, 김정일; 자유아카데미).

각설하고, 이 책의 요점은 다음과 같다.

첫째, 통계 그래프에 대한 상식을 일깨우고자 한다. 파이 차트, 막대 그림, 산점도, 히스토그램, 꺽은 선 그래프가 통계 그래프의 전부인 것은 아니다. 같은 종류의 그래프라도 막된 그래프와 섬세하게 개선된 그래프는 질적 차이가 상당하다.

둘째, 비교적 최근에 등장한 좋은 그래프들을 소개하고자 한다. 음악이 그렇듯이 그림도 나날이 만들어진다. 통계 그래프도 그렇다. 채색 달력 [1], 모자이크 플롯 [9], 나무 지도 [10], 단어 클라우드[20] 등이 그런 예들이다.

셋째, 통계 그래프를 만드는 전문가가 따로 있는 것이 아니다. 창의적 아이디어만 있으면 누구나 신종의 그래프를 창안할 수 있다. 또한 R로 신종 그래프를 구현하여 원하는 사람은 누구든 직·간접적으로 활용할 수 있게 한다. 사각 타일 [7], 몬테칼로 모의시행 [15], 매개변수 곡선 [16] 등이 그런 예들이다.

그래프 활용수준(graph literacy)의 향상에 이 책이 작으나마 보탬이 되길 소망하면서 이만 줄인다.

허 명 회 (고려대학교 교수, 통계학) 2014/04/16

■ 차 례

1. 채색 달력 calendar heatmap

개요: 시계열의 변동을 나타내는 데 쓰이는 대표적인 그림은 꺾은 선 그래프이다. 너무 많이 쓰여 진부한 감이 있다. 그런데 시계열이 일(day)별로 획득되는 경우라면 좋은 대안이 있다. 우리에게 익숙한 달력을 사용하는 것이다. 채색 달력(calendar heatmap)은 1년 365일(366일)의 각 날짜에 계열 값을 컬러로 나타낸 채색화이다.

보기: 그림 1은 우리나라 코스피 지수의 2011년-2013년 일별 자료를 표현한 채색 달력이다. 적색은 지수 값이 높음을 나타내고 녹색은 지수 값이 낮음을 나타낸다. 코스피 지수가 2011년 4월과 7월 사이에 고점이었고 직후 급락하였음을 볼 수 있다. 그림 2는 같은 기간에서 우리나라 코스피 거래액을 나타낸 채색 달력이다. 주식시장의 특성상 거래량 분포는 기울어짐(歪度, skewness)이 크므로 밑수 10의 로그 변환을 취하였다. 지수가 급등한 2011년 4월과 지수가 급락한 8월에 거래액이 컸음을 볼 수 있다.

효과: 채색 달력은 년도(year)별로 365일(366일)이 월(month)과 주(week)로 구분되어 있어, 전체적인 시계열의 흐름 외에 계절 효과와 요일 효과를 볼 수 있다. 이 그래프는 일종의 열지도(heat map)이다. 참신하고 색감이 좋다.

방법: 그림 1과 그림 2의 채색 달력은 Paul Bleicher의 calendarHeat 함수를 써서 만든 그래프이다. R 팩키지 grid, lattice, chron이 사전 설치되어야 한다. 함수의 소스 코드를 "`calendarHeatmap function.r`"에 전재하였다. 컬러로 "g2r" 선택이 가능하도록 단 한 군데를 고쳤다 ("g2r" 컬러는 낮은 값을 "green"으로, 높은 값을 "red"로 표현한다).

그래프 작성에 쓰인 데이터 파일은 "`kospi.csv`"이다. r 스크립트는 다음과 같다 (`calendar Heatmap KOSPI.r`).

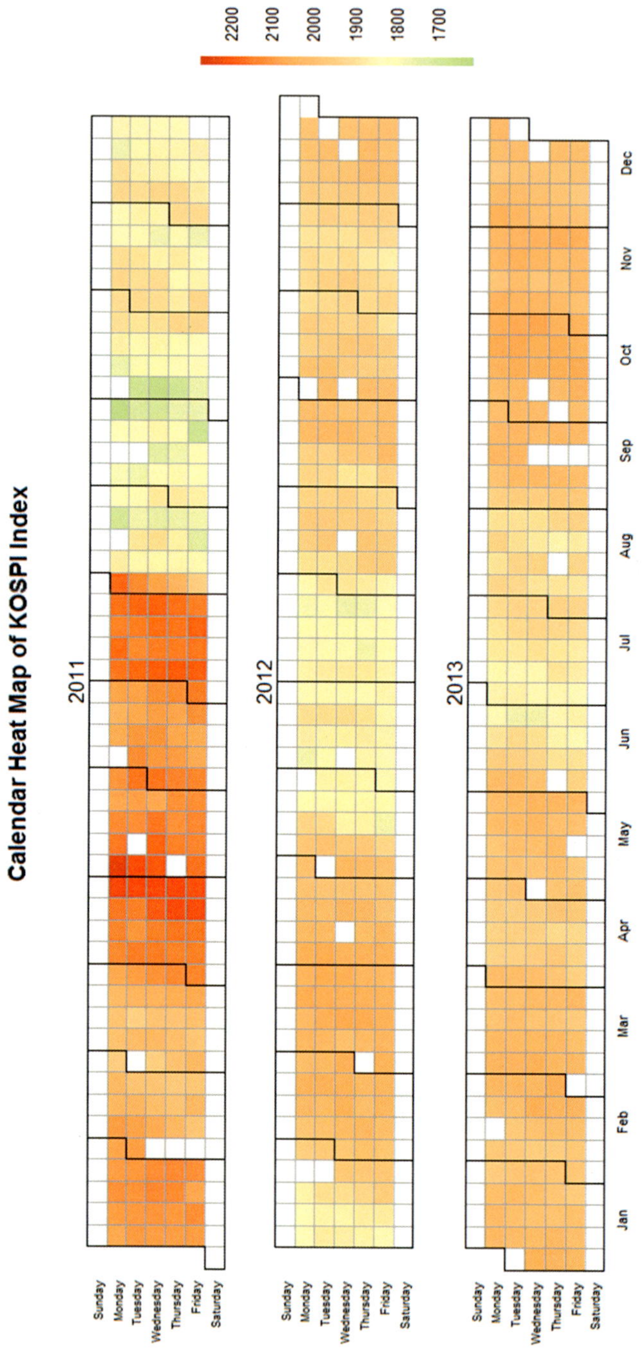

그림 1. 채색 달력: 코스피 지수 2011-2013

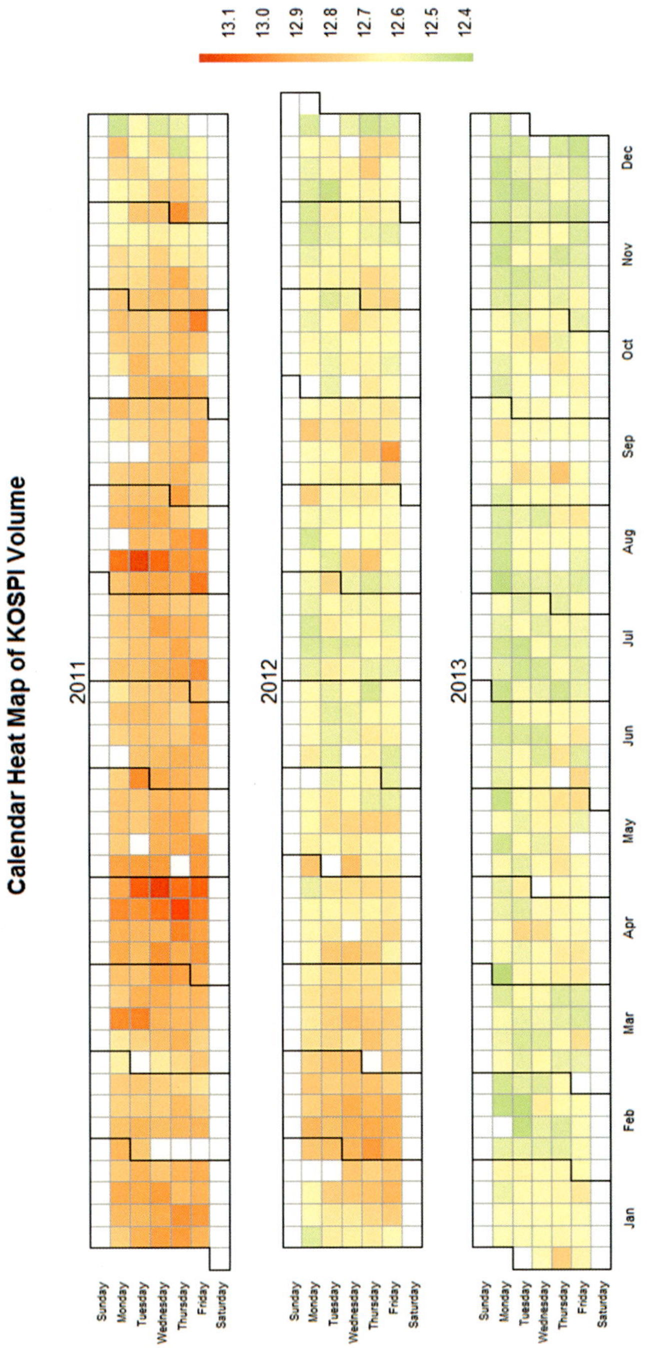

그림 2. 채색 달력: 코스피 거래액 2011-2013 (상용 로그 척도)

```
stock.data <- read.csv("kospi.csv")
str(stock.data)
windows(height=7, width=14)
calendarHeat(dates=stock.data$time,
     values=stock.data$kospi, color="g2r",
     varname="KOSPI Index")
windows(height=7, width=14)
calendarHeat(dates=stock.data$time,
     values=log(stock.data$volume,10), color="g2r",
     varname="KOSPI Volume")
```

노트: 채색 달력이 달력 효과를 보일 수 있으므로 계절성이 있는 시계열 데이터의 시각화에 특별히 효과적일 것으로 생각된다. R `openair` 팩키지는 공기오염 자료 분석에 특화되어 있고 `calendarPlot()` 함수로 채색 달력을 만들 수 있다.

참고: Mittal, H.V. (2011). R Graphs Cookbook. pp.199-204.

2. 이변량 밀도 bivariate density

개요: 산점도(scatterplot)는 이변량 자료의 시각화에서 기본적이고 궁극적인 도구이다. 그만큼 중요함에도 불구하고 실제로는 불량한 산점도가 흔하다. 여기서는 품위 있는 산점도와 멋진 변형을 소개 한다 (밀도 등고선, 특이점 마킹, 이변량 히스토그램 등).

산점도: `MASS` 팩키지의 `geyser` 자료는 옐로우스톤 국립공원의 간헐천에서 관측된 대기시간(waiting)과 지속시간(duration)으로 구성되어 있다 ($n = 299$). 그림 1은 x 축과 y 축에 레이블을 넣고 제목을 넣은 정도의 "디폴트" 산점도이다. 그림 2는 x 축과 y 축의 범위가 지정되고 (**`xlim, ylim`**) 점의 기호가 채워진 둥근 점으로 바뀌고 (**`pch=20`**) 자료 점의 색을 바꾸어 넣은 (`col="forestgreen"`) 산점도이다. 어느 것이 나은가?

'좋은' 산점도는 특별한 사정이 있지 않는 한 가로와 세로의 비가 1이어야 하고 자료 점 영역의 상하좌우 외곽에 각 10% 정도의 여백이 필요하다. 자료 점의 모양에서도 몇 가지 시도를 해볼 필요가 있다.

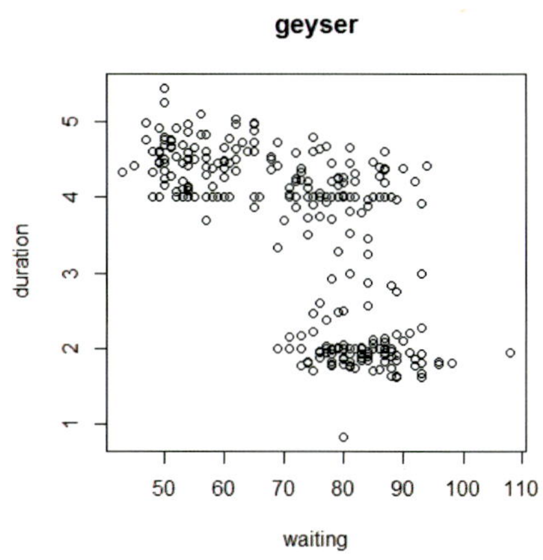

그림 1. 산점도 1

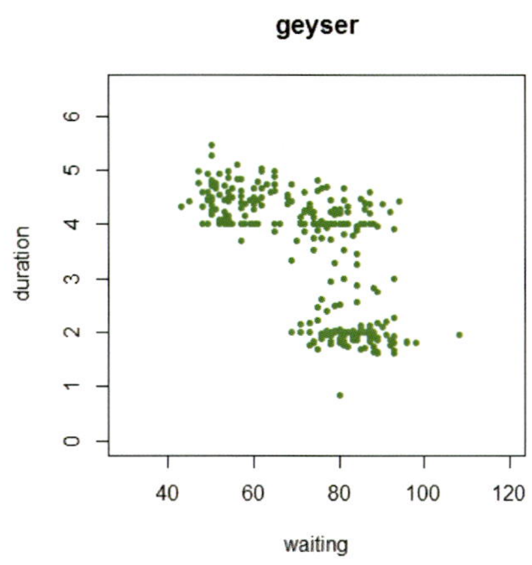

그림 2. 산점도 2

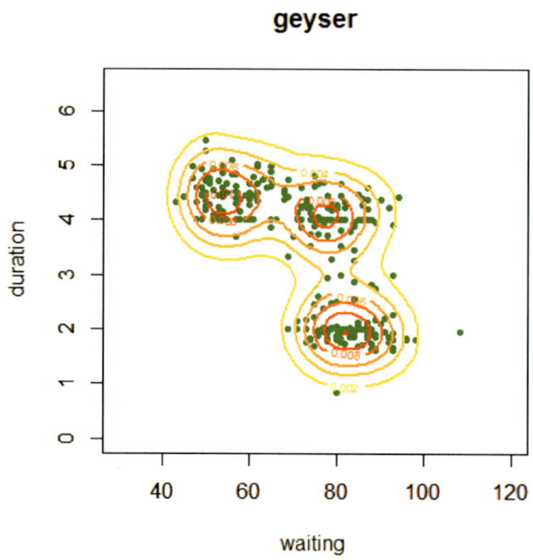

그림 3. Geyser 자료의 산점도: 밀도 등고선의 추가

이변량 밀도: 이변량 커널 밀도추정(kernel density estimation)은 이변량 관측 $(x_1, y_1), \cdots, (x_n, y_n)$으로부터 그것을 만들어낸 母분포의 확률밀도를 추정하는 방법이다[1]. 이것을 등고선(contour)의 형태로 산점도에 덧붙일 수 있다. 그림 3을 보라. 3개의 봉우리가 나타나 있다. 등고선은 높이에 따라 역순의 `heat.colors`로 표현되었다 (낮은 수준은 노란색으로, 높은 수준은 빨간색으로 칠해져있다). `KernSmooth` 팩키지의 `bkde2D( )`로 만들었다.

개별 점 식별: 그림 3의 산점도에서 한 점은 가장 낮은 등고선으로부터도 꽤 떨어져 있어 특이점(outlier)임을 알 수 있다. 그 점을 확인하여 산점도에 식별번호를 넣으면 그림이 더 멋지게 된다. 산점도 `identify( )` 함수를 실행시키면 활성 그래프 창에 '+' 커서가 생기는데 특정 개체 점에 커서를 옮겨 클릭하면 식별번호가 그래프에 붙는다. 그림 4를 보라. 이런 과정은 수차례 반복될 수 있다. Esc 키를 누르면 개체 식별이 종료된다.

---

1) 허명회 (2011). R을 활용한 탐색적 자료분석 (개정판). 181-184쪽.

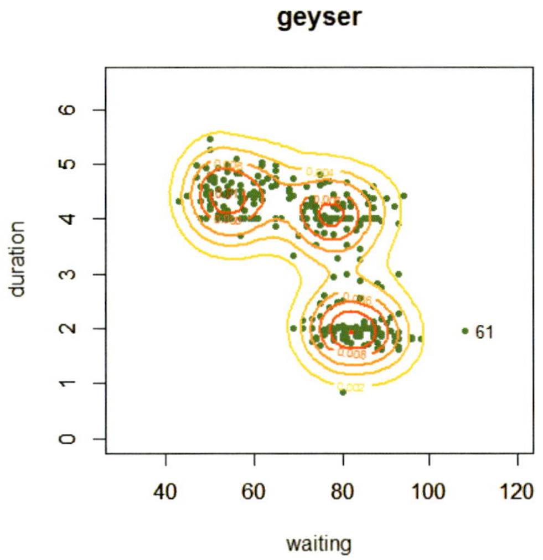

그림 4. Geyser 자료의 산점도: 특이점의 번호 표시

R 스크립트: bivariate density.r

```
library(MASS); library(KernSmooth)
data(geyser)
windows(height=7, width=6.4)
plot(geyser$waiting, geyser$duration, xlab="waiting",
     ylab="duration", main="geyser")
windows(height=7, width=6.4)
plot(geyser$waiting, geyser$duration, xlim=c(30,120),
     ylim=c(0,6.5), col="forestgreen",
     pch=20, xlab="waiting", ylab="duration", main="geyser")
density <- bkde2D(geyser, bandwidth=c(5,0.5))
par(new=T); contour(density$x1, density$x2, density$fhat,
     xlim=c(30,120), ylim=c(0,6.5), col=heat.colors(7)[ 7:1],
     nlevels=7, lwd=2)
identify(geyser$waiting, geyser$duration, cex=0.8, col="grey2")
```

3. 이변량 히스토그램 bivariate histogram

개요: 히스토그램(histogram)은 일변량 자료의 분포를 대략적으로 보여주는 도구이다. 커널 밀도추정(kernel density estimation)이 이것의 세련된 버전이다. 때로는 덜 세련된 것이 더 세련된 것보다 보기에 편하기에 히스토그램의 인기는 늘 높다. 여기서는 이변량 자료에 대한 히스토그램을 제시한다.

일변량 히스토그램: 그림 1은 `MASS` 패키지의 `geyser` 자료의 2개 변수, 대기시간(waiting)과 지속시간(duration)에 대한 히스토그램이다. 히스토그램은 변수 X의 구간 $(x_{\min}, x_{\max})$를 m_x개로 등분하여 개별 구간의 빈도를 막대의 높이로 나타낸 그래프이다.

이변량 히스토그램: (X, Y)의 영역 $(x_{\min}, x_{\max}) \times (y_{\min}, y_{\max})$를 $m_x m_y$개 직사각형으로 나누고 개별 직사각형에 떨어지는 개체들의 빈도를 막대의 높이로 나타낸 것이 이변량 히스토그램이다. 비유적으로 말하자면, 이것은 레고블록을 하나씩 쌓아 만들어진다. 그림 2를 보라. (waiting, duration)의 히스토그램이다.

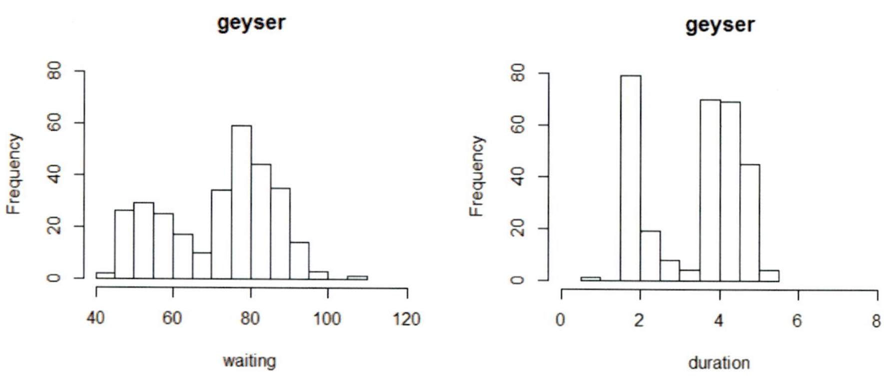

그림 1. `geyser` 대기시간(waiting)과 지속시간(duration)

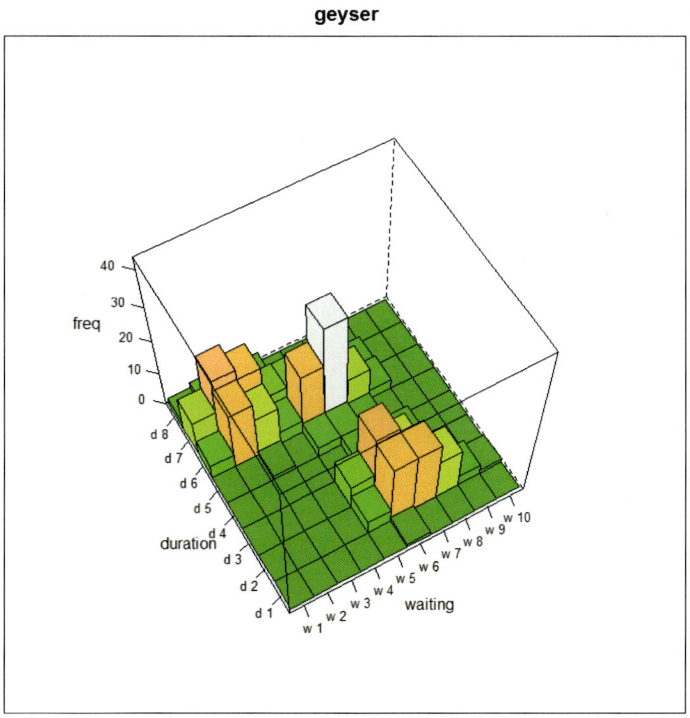

그림 2. 대기시간(waiting)과 지속시간(duration)의 이변량 히스토그램

세부사항: 그림 2에 사용된 함수는 `lattice` 패키지의 `cloud( )`인데 내부 인수로 `latticeExtra` 패키지의 `panel.3dbars( )`를 쓴다. 따라서 두 패키지가 모두 필요하다. 막대의 높이에 적용된 컬러는 `terrain.colors`이다 (낮은 지역이 초록색으로, 높은 지역이 흰색으로 칠해진다). `screen` 인수의 z는 사각 바탕면의 좌우 회전각을 지칭하고 x는 육면체 틀을 보는 눈의 높이를 지칭한다 (가장 높은 곳이 0이고 가장 낮은 곳이 -90이다). 그림 2에 적용된 `screen` 인수 값은 "`z = 30, x = -30`"이다. 실험적으로 "`z = 60, x = -30`"을 적용해보라.

`cloud( )` 함수에 자료를 투입하기 전에 각 변수가 이산화되어 한다. 이를 위해 `cut(x, m)` 함수를 써서 변수 `x`를 `m` 등분하였다.

R 스크립트: bivariate histogram.r

```
library(lattice)
library(latticeExtra)
library(MASS)
data(geyser)

windows(height=4, width=9); par(mfrow=c(1,2))
hist(geyser$waiting, nclass=20, main="geyser",
     xlab="waiting", xlim=c(40,120), ylim=c(0,80))
hist(geyser$duration, nclass=16, main="geyser",
     xlab="duration", xlim=c(0,8), ylim=c(0,80))

x.waiting <- cut(geyser$waiting,10)
levels(x.waiting) <- paste("w",1:10)
y.duration <- cut(geyser$duration,8)
levels(y.duration) <- paste("d",1:8)
geyser.freq <- table(x.waiting, y.duration)

windows(height=8, width=7.4)
cloud(geyser.freq, panel.3d.cloud = panel.3dbars, main="geyser",
   xlab="waiting", ylab="duration", zlab="freq",
   xbase = 1, ybase = 1, zlim = c(0, max(geyser.freq)*1.5),
   scales = list(arrows = FALSE, just = "right"),
   col.facet = level.colors(geyser.freq,
      at = do.breaks(range(geyser.freq), 24),
      col.regions = terrain.colors, colors = TRUE),
   screen = list(z = 30, x = -30))
```

4. '큰' 자료의 산점도 hexagonal binning

개요: 산점도는 연속형 이변량 자료를 보여주는 훌륭한 도구이다. 그러나 개체 수 n이 10,000 이상인 경우에는 제 기능을 하지 못한다. 그래프의 전영역이 자료 점들로 포화 상태가 되기 때문이다. 이 절에서는 이에 대한 대책으로 hexagonal binning(육각형 격자 나누기)을 소개하고 사례를 제시한다.

보기: 그림 1은 `hexbin` 팩키지의 `NHANES` 자료($n = 9{,}575$)의 2개 변수, 체중(weight)과 체지방지수(bmi)에 대한 산점도이다. 개체 수 n이 10,000 정도가 되면 이처럼 그래프가 까맣게 먹칠이 되는 현상이 발생한다. 시꺼먼 부분에 대해서는 밀도 정보가 손상되는 것이다.

이에 대한 대책 중 하나가 binning (구간화)이다. x 변수와 y 변수를 구간화하여 직사각형 셀을 만들고 각 셀에 떨어지는 자료 점의 수를 세어 그 빈도를 컬러의 농담(濃淡)으로 표현하는 것이다. 그림 2는 직사각형 셀 대신 육각형 셀로 만든 hexagonal binning 그래프이다.

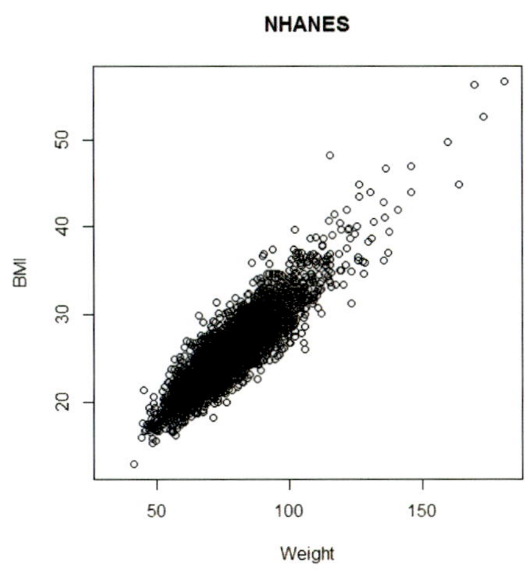

그림 1. Weight 대 BMI의 산점도

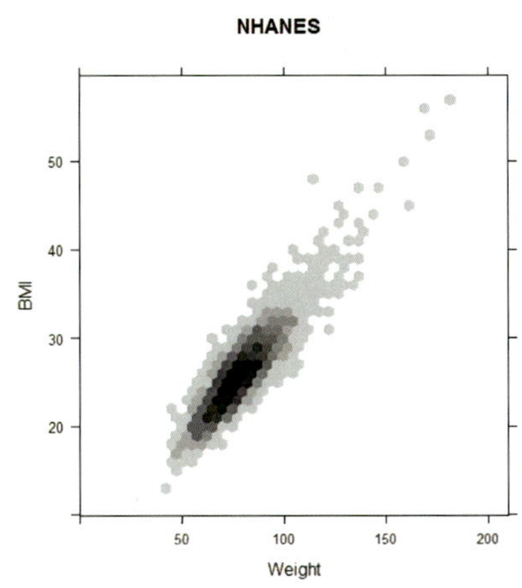

그림 2. Hexagonal Binning

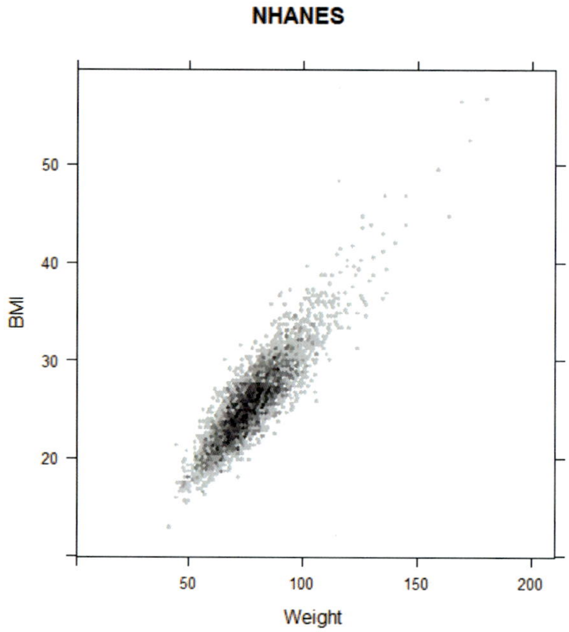

그림 3. Weight 대 BMI의 산점도: Hexagonal Binning

그림 2는 R 패키지 **hexbin**의 **hexbinplot( )** 함수로 만든 것인데 육각형 셀이 너무 큰 감이 있다. 그림 3은 **hexbinplot( )** 함수에서 인수 **xbins** (디폴트 30)를 100으로 늘려 만든 세밀한 hexagonal binning 그래프이다.

진화: **hexbin** 패키지는 **lattice** 그래프 스타일의 조건부 산점도를 제공한다. 즉 범주형의 제3 변수에 따라 구분된 산점도를 만들어내는 기능이 있다. **NHANES** 자료에는 인종(race)이라는 변수가 있는데 이를 factor 형으로 바꿔 **hexbinplot( )** 함수에 투입하여 보자. 그림 4를 보라. Weight와 BMI의 관계는 인종에 무관한 것으로 나타난다.

그림 5는 그림 4의 컬러풀한 버전이다 (**hexbinplot( )** 안에 **style** 인수를 **"nested.centroids"**로 지정함). 열대어 두 마리!

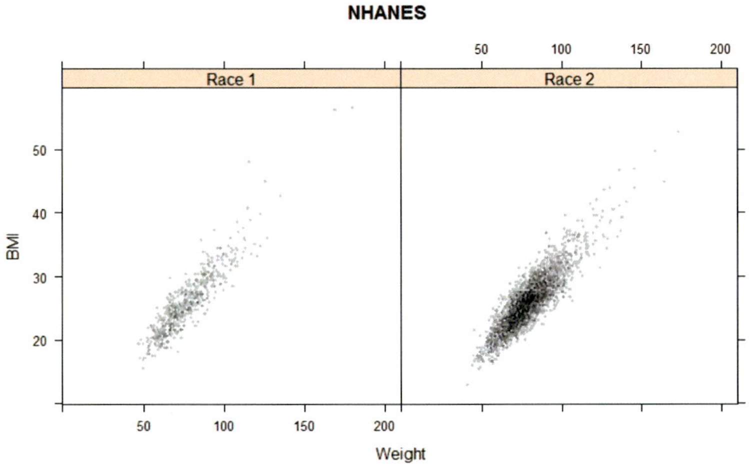

그림 4. Weight 대 BMI의 산점도: 인종(race)에 조건화

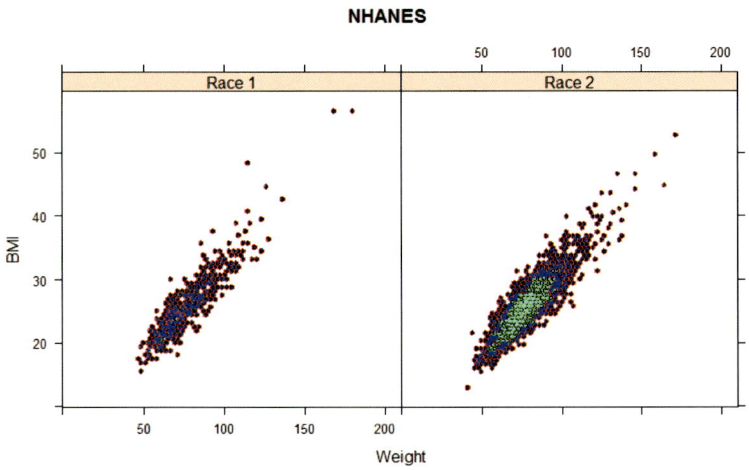

그림 5. Weight 대 BMI의 산점도: 인종(race)에 조건화

R 스크립트: hexbin plot.r

```
library(hexbin)
data(NHANES)
str(NHANES)
windows(height=7, width=6.4)
plot(BMI ~ Weight, data=NHANES, main="NHANES")

windows(height=6.4, width=6.4)
hexbinplot(BMI ~ Weight, xlim=c(0,210), colorkey=F,
     data=NHANES, main="NHANES")
hexbinplot(BMI ~ Weight, xlim=c(0,210), colorkey=F,
     xbins=100, data=NHANES, main="NHANES")

NHANES$Race <- factor(NHANES$Race)
levels(NHANES$Race) <- c("Race 1", "Race 2")

windows(height=5, width=10)
hexbinplot(BMI ~ Weight | Race, colorkey=F, xbins=100,
     xlim=c(0,210), data=NHANES, main="NHANES")
hexbinplot(BMI ~ Weight | Race, colorkey=F, xbins=50,
     xlim=c(0,210), style = "nested.centroids", data=NHANES,
     main="NHANES")
```

5. 설명변수 2개의 회귀모형 regression with two predictors

개요: 설명변수가 1개이고 반응변수가 1개인 경우에는 이변량 산점도로 2차원 평면에 회귀적 관계를 시각화할 수 있다. 이와 같이, 설명변수가 2개이고 반응변수가 1개인 경우에는 3차원 공간에 회귀적 관계를 시각화하는 것이 가능하다. 여기서는 `rgl` 패키지의 동적 그래픽 기능을 활용하여 설명변수가 2개인 회귀모형의 시각화 방법을 제시한다.

설명변수가 1개인 경우: 그림 1은 `cars {datasets}` 자료의 2개 변수, 주행 차의 속도(speed)과 제동거리(distance) 간 산점도에 선형회귀 선을 덧붙인 것이다. speed가 커짐에 따라 distance가 비례적으로 늘어나는가?

lowess (locally weighted scatterplot smoothing)는 국소적 적합(local fit)을 해내는 비모수적 회귀 방법으로 관측 데이터에 부응하는 결과를 산출한다.[1] 그림 2를 보라. 회귀 곡선이 볼록한 형태를 취하는데, 이는 속도가 커짐에 따라 제공거리가 선형적 비례 '이상'으로 늘어남을 의미한다.

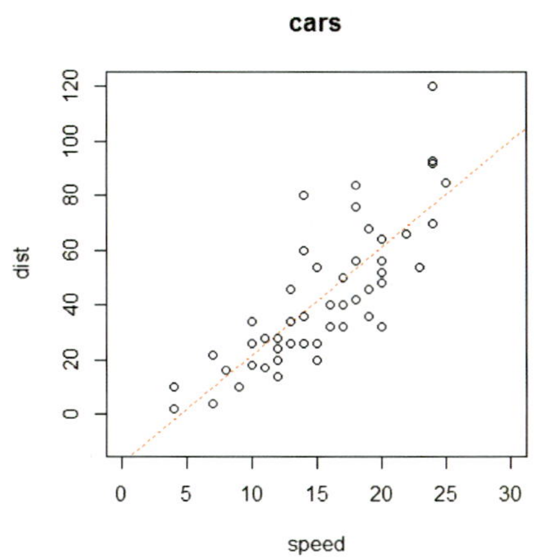

그림 1. 선형회귀

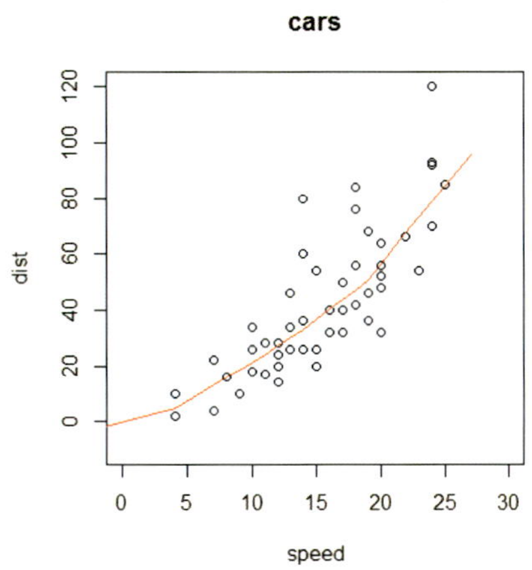

그림 2. lowess 회귀

1) 허명회 (2011). R을 활용한 탐색적 자료분석. 188-190쪽 참조.

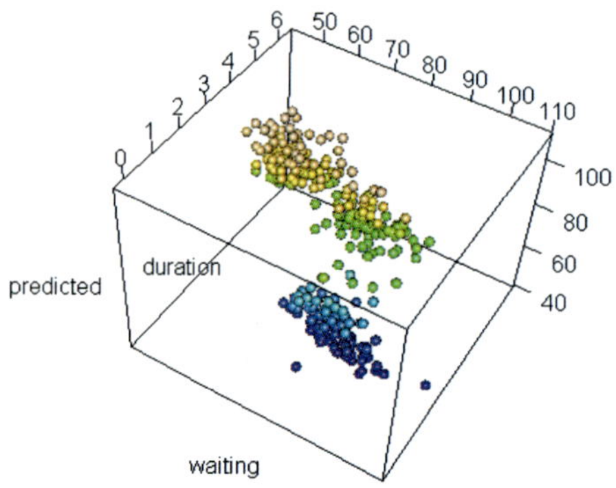

그림 3. waiting과 duration, next waiting 간 산점도

설명변수가 2개인 경우: 그림 3은 `MASS` 팩키지의 `geyser` 자료에서 waiting과 duration, 'next waiting' 간 3차원 산점도이다.[2] 목적은 next waiting을 waiting과 duration으로 예측하는 데 있다. 설명변수가 1개인 경우에 적용되는 lowess 회귀를 설명변수가 2개 이상인 경우로 확장한 loess 회귀를 이 상황에 적용해보자.[3] 그 결과가 그림 4이다.

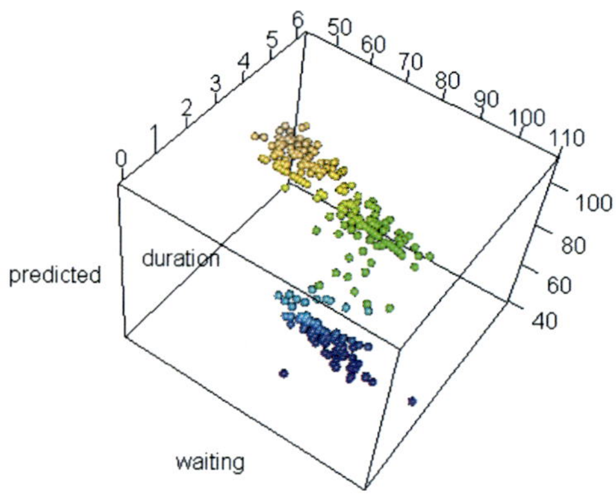

그림 4. loess 회귀적합

2) 'next waiting'은 다음 줄 데이터의 waiting 값이다.
3) 허명회 (2011). R을 활용한 탐색적 자료분석. 208-212쪽 참조.

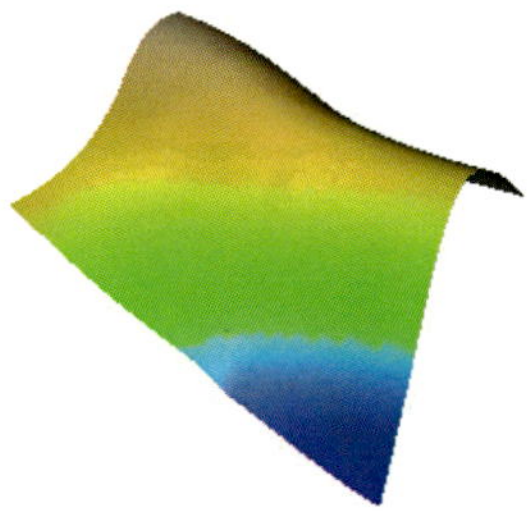

그림 5. loess 회귀 곡면: `surface3d( )`

그림 3과 그림 4와 같은 공간 산점도는 R **`rgl`** 팩키지 **`plot3d( )`** 함수의 출력인데, **`plot3d( )`** 함수는 사용자와 상호작용(interaction)이 가능한 기하적 오브젝트를 만들어낸다. 마우스 끌기로 오브젝트가 돌아가게 되고 그 과정에서 사용자는 자료 점의 공간적 위치를 인지하게 된다.

R **`rgl`** 팩키지 **`surface3d( )`** 함수를 사용하면 loess 회귀 적합의 결과를 곡면(curved surface)의 형태로 표출할 수 있다. 그림 5가 그 결과이다. 그림 6은 (x, y) 평면에 그리드를 조밀하게 잡고 그리드 (x, y) 점에서 회귀 예측값 z 높이에 타점한 **`plot3d( )`**의 출력이다. 그림 5와 그림 6의 기하적 오브젝트도 마우스 끌기로 회전 된다.

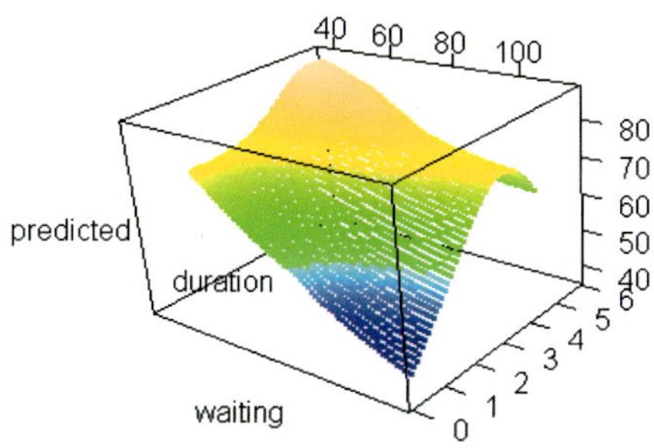

그림 6. loess 회귀 곡면: `plot3d( )`

R 스크립트: lowess fit.r

```
data(cars)
str(cars)
plot(dist ~ speed, data=cars, main="cars", xlim=c(0,30),
     ylim=c(-10,120))
linear.reg <- lm(dist ~ speed, data=cars)
abline(linear.reg, col="red", lty="dotted")
x11()
plot(dist ~ speed, data=cars, main="cars", xlim=c(0,30),
     ylim=c(-10,120))
lowess.reg <- lowess(cars)
lines(lowess.reg, col="red")
y.0 <- 3*unique(lowess.reg$y)[1] -2*unique(lowess.reg$y)[2]
x.0 <- 3*unique(lowess.reg$x)[1] -3*unique(lowess.reg$x)[2]
n.1 <- length(unique(lowess.reg$x))
y.1 <- 3*unique(lowess.reg$y)[n.1] -2*unique(lowess.reg$y)[n.1-1]
x.1 <- 3*unique(lowess.reg$x)[n.1] -2*unique(lowess.reg$x)[n.1-1]
segments(x.0,y.0, unique(lowess.reg$x[1]),
       unique(lowess.reg$y[1]), col="red")
segments(x.1,y.1,unique(lowess.reg$x)[n.1],
       unique(lowess.reg$y)[n.1], col="red")
```

R 스크립트: loess surface.r

```
library(MASS)
data(geyser); attach(geyser)
x1 <- waiting[1:298]
x2 <- duration[1:298]
y <- waiting[2:299]
model <- loess(y ~ x1 + x2)
library(rgl)
open3d()
plot3d(x1, x2, y, col=topo.colors(298)[rank(y)], type="s",
     size=1.2, zlim=c(40,110),
     aspect=c(1,1,0.75), xlab="waiting", ylab="duration",
     zlab="predicted")
```

```
open3d()
plot3d(x1, x2, model$fitted,
     col=topo.colors(298)[ rank(model$fitted)] , type="s",
     size=1.2, zlim=c(40,110),
     aspect=c(1,1,0.75), xlab="waiting", ylab="duration",
     zlab="predicted")
n <- length(x1); n
summary(geyser)
x1.s <- seq(35,115,1)
x2.s <- seq(0,6,0.1)
new <- expand.grid(x1.s, x2.s); colnames(new)=c("x1","x2")
str(new)
pred.s <- matrix(predict(model,
     newdata=new),length(x1.s),length(x2.s))
open3d()
surface3d(x1.s, x2.s*10, pred.s,
     col=topo.colors(100)[ cut(pred.s, 100)] ,
     aspect=c(1,1,0.75), xlab="waiting", ylab="duration",
     zlab="predicted")
open3d()
plot3d(new[ ,1] , new[ ,2] , pred.s,
     col=topo.colors(100)[ cut(pred.s, 100)] ,
     aspect=c(1.2,1,0.75), xlab="waiting", ylab="duration",
     zlab="predicted")
```

6. 흩뜨림 jittering

개요: 연속형 변수라고 하더라도 편의적 측정(convenient measurement) 또는 기록의 결과로 일정간격의 수치로 되어 있을 수 있다. 범주형 변수를 정수로 코딩하는 경우엔 더욱 그렇다. 이런 때는 변수 값에 임의적 오차를 덧붙여 자료 점들을 흩뜨리면 내재된 자료 패턴이 자연스럽게 드러난다.

일정 간격의 연속형 변수: `quakes {datasets}` 자료는 Fiji 섬에서 관측된 지진에 대한 기록이다. 지진의 강도(mag)와 깊이(depth)는 어떤 관계인가?

그림 1에서 산점도를 보자. 자료 점들이 일정 간격의 열(column)에 쌓여 있는 것을 볼 수 있다. 왜 이럴까? 지진의 강도(리히터 스케일) mag가 소수점 한자리, 즉 0.1 간격으로 기록되었기 때문이다. 그림 1을 자연스럽게 순치하는 한 방법은 지진 강도 mag에 ±0.05 구간에서 균등분포를 따르는 임의적 오차를 붙이는 역(逆)반올림(inverse rounding) 처리이다. 즉 변수 값 $x_i\,(i=1,\cdots,n)$에 ϵ_i를 붙이는 것이다. 여기서 ϵ_i는 균일 uniform $(-0.05, 0.05)$ 분포로부터의 임의생성 값이다. 그림 2가 결과이다.

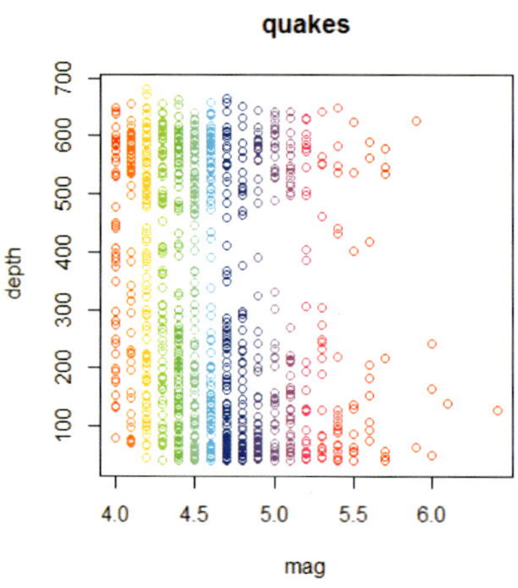

그림 1. 지진 강도와 깊이

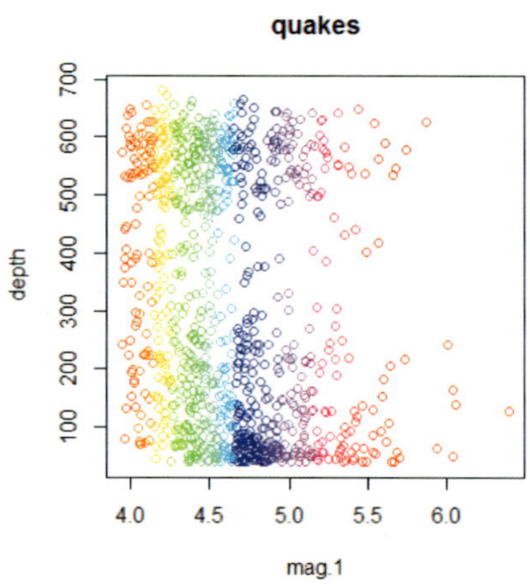

그림 2. 흩뜨림 처리

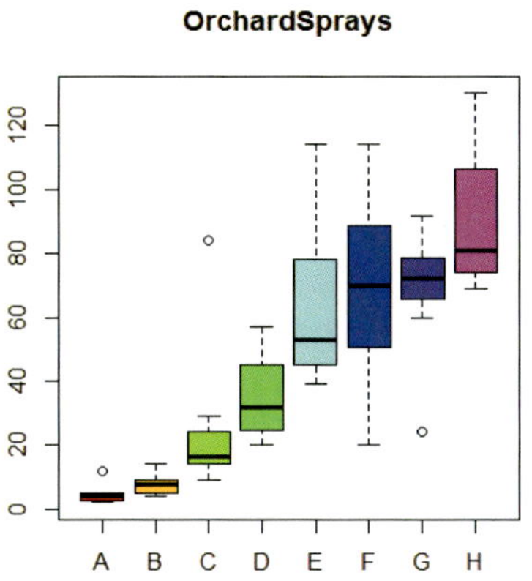

그림 3. 처리별 효과

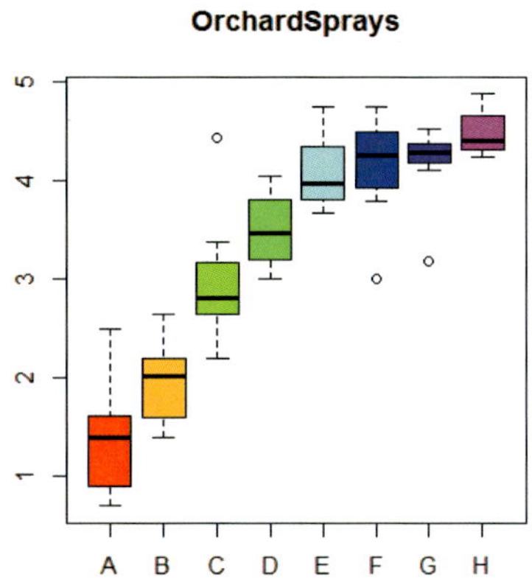

그림 4. 처리별 효과 (로그척도)

정수로 코딩된 범주형 변수: `OrchardSprays` {datasets} 자료는 8종의 원예용 스프레이(=처리)가 꿀벌 수의 감소에 주는 영향을 살펴본 비교 실험에서 나왔다. 그림 3은 처리별 효과를 상자그림으로 표현한 그래프이다. 산포가 평균에 따라 증가하는 경향이 있으므로 오목 변환이 필요하다. 그림 4은 반응에 로그 변환을 취하고 이어서 처리별 효과를 비교한 그래프이다.

`OrchardSprays` 자료에서 처리별 반복 수는 8에 불과하여 상자그림은 무리이다.[1] 이런 상황에서는 자료 점 플롯인 띠 차트(strip chart)가 더 낫다. 그림 5를 보라. 이 그림에서 일부 자료 점들은 겹쳐 찍혀 있는데 이런 겹침은 분석자의 착각을 유발할 수 있다 (자료 크기, 산포의 인지 등). 그림 6은 같은 자료에 대한 띠 차트(strip chart)인데 `method` 인수 값을 `jitter`로 바꾸어 얻은 결과이다. 반응 값을 처리번호 양 옆으로 약간씩 비껴놓아 자료 겹침이 적어졌다 (그러나 완전히 없어진 것은 아니다).

`beeswarm` 팩키지의 `beeswarm( )` 함수는 흩뜨림을 체계적으로 수행하여 자료 점의 겹침을 최소화한다. 그림 7은 `method` 인수를 `swarm`으로 놓은 결과이고, 그림 8은 `method` 인수를 `square`로 놓은 결과이다.

---

1) 상자그림으로 한 묶음의 자료를 시각화하려면 묶음의 크기는 20 이상이여야 한다.

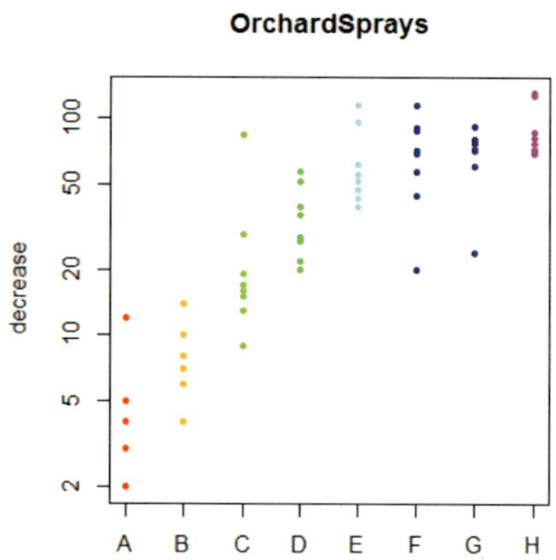

그림 5. 처리별 효과 (로그척도)

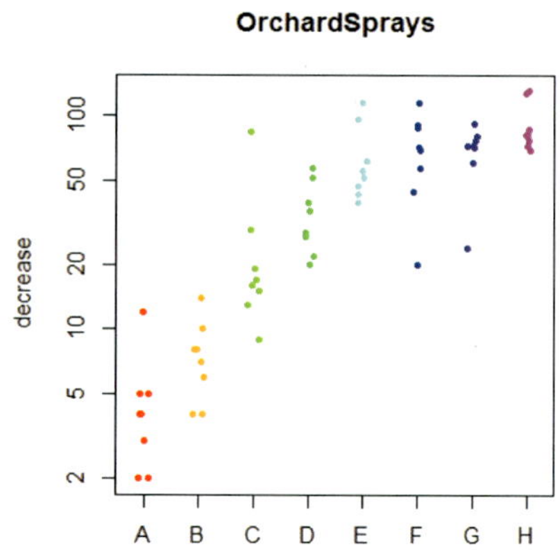

그림 6. 처리별 효과 (로그척도)

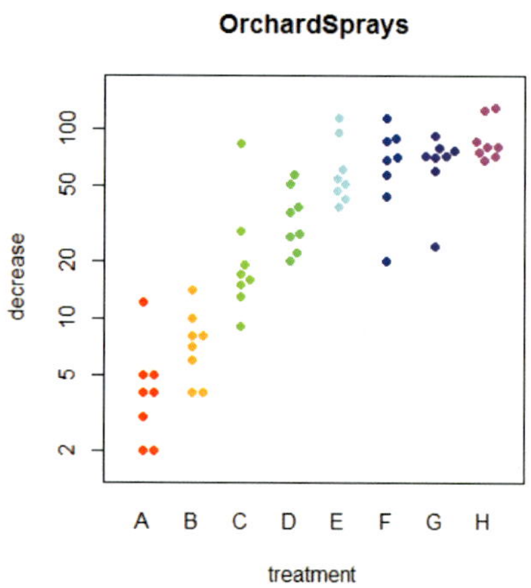

그림 7. 처리별 효과 (로그척도)

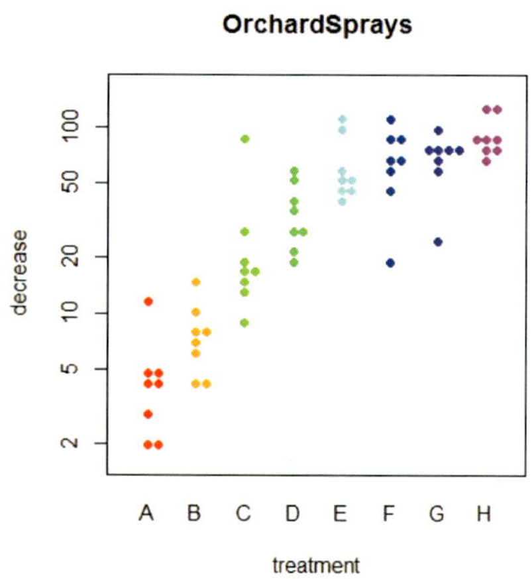

그림 8. 처리별 효과 (로그척도)

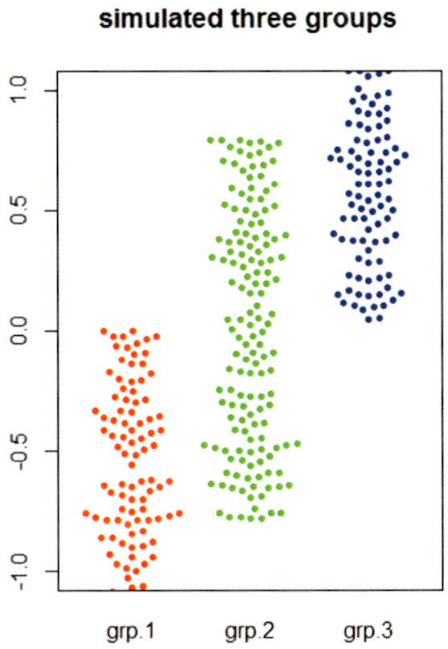

그림 9. 모의생성자료 $(n=100)$

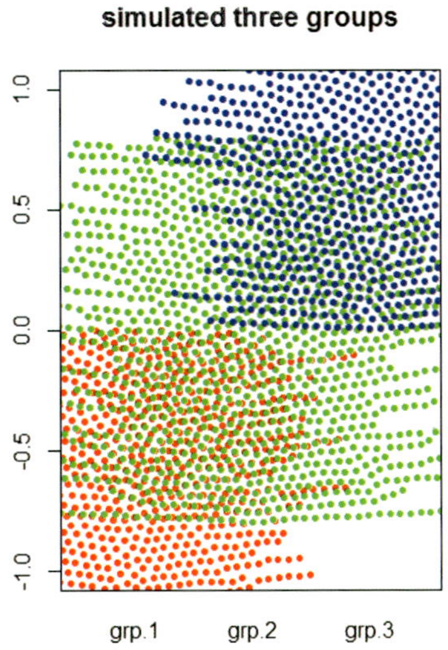

그림 10. 모의생성자료 $(n=800)$

모의생성자료 사례: 다음과 같이 크기 n이 100인 자료 그룹 3개를 만들었다.[2)]

$$\text{그룹 } 1 \sim \text{ 모집단 } uniform\ (-1.2, 0),$$
$$\text{그룹 } 2 \sim \text{ 모집단 } uniform\ (-0.8, 0.8),$$
$$\text{그룹 } 3 \sim \text{ 모집단 } uniform\ (0, 1.2).$$

이런 자료에 대해 `beeswarm( )` 함수로 그린 띠 차트가 그림 9이다. `method` 인수를 디폴트로 놓았다 (= `swarm`). 그룹별 자료 크기 n을 800 정도로 키우면 그림이 어떻게 될까? 그림 10이 그 결과이다. 시각화 결과는 엉망이 되었다 (그러나 예술적인 가치가 있다). 띠 차트는 그룹별 자료 크기가 작은 경우에 유효한 시각화 기법이다.

2) $uniform\ (a,b)$는 구간 (a,b)에서 균일 밀도를 갖는 확률분포인 '균일분포'(uniform distribution)의 표기이다.

R 스크립트: jittering.r

```
data(quakes)
str(quakes)
windows(height=5, width=9)
par(mfrow=c(1,2))
plot(depth ~ mag, data=quakes, col=rainbow(1000)[ rank(mag)],
     main="quakes")
mag.1 <- quakes$mag+runif(1000,-0.05,0.05)
plot(depth ~ mag.1, data=quakes, col=rainbow(1000)[ rank(mag)],
     main="quakes")

windows(height=5, width=9)
par(mfrow=c(1,2))
plot(lat ~ long, data=quakes, col=heat.colors(1000)[ rank(-depth)],
     main="quakes: depth")
plot(lat ~ long, data=quakes, col=heat.colors(1000)[ rank(-mag)],
     main="quakes: magnitude")

# jittering on the stripchart
data(OrchardSprays)
str(OrchardSprays)
table(OrchardSprays$treatment)
windows(height=5, width=9)
par(mfrow=c(1,2))
boxplot(decrease ~ treatment, main = "OrchardSprays",
     data=OrchardSprays, col=rainbow(8))
boxplot(log(decrease) ~ treatment, main = "OrchardSprays",
     data=OrchardSprays, col=rainbow(8))
windows(height=5, width=9)
par(mfrow=c(1,2))
stripchart(decrease ~ treatment, main = "OrchardSprays",
     method="overplot", pch=20, col=rainbow(8), vertical = TRUE,
     log = "y", data = OrchardSprays)
stripchart(decrease ~ treatment, main = "OrchardSprays",
     method="jitter", pch=20, col=rainbow(8), vertical =
     TRUE, log = "y", data = OrchardSprays)
```

```
library(beeswarm)
windows(height=5, width=9)
par(mfrow=c(1,2))
beeswarm(decrease ~ treatment, data = OrchardSprays, main =
     "OrchardSprays", log = TRUE, pch = 16, col = rainbow(8),
     method="swarm")
beeswarm(decrease ~ treatment, data = OrchardSprays, main =
     "OrchardSprays", log = TRUE, pch = 16, col = rainbow(8),
     method="square")

# artistic brushing
n <- 100
distributions <- list(grp.1 = runif(n, -1.2, 0), grp.2 =
     runif(1.5*n,-0.8,0.8), grp.3 = runif(n, 0, 1.2))
windows(height=7, width=5)
beeswarm(distributions, pch=20, col = 2:4,
     main="simulated three groups", ylim=c(-1,1))
n <- 800
distributions <- list(grp.1 = runif(n, -1.2, 0), grp.2 =
     runif(1.5*n,-0.8,0.8), grp.3 = runif(n, 0, 1.2))
windows(height=7, width=5)
beeswarm(distributions, pch=20, col = 2:4,
     main="simulated three groups", ylim=c(-1,1))
```

7. 사각 타일 square tiles

개요: 파이 차트(pie chart)는 특정 속성의 구성 비율을 시각화하기 위해 쓰이는 표준적 도구이다. 파이 차트는 각(angle)의 크기로 비율을 나타내는데, 각(角)에 대한 인간의 인지력은 좋지 않은 편이다. 더욱이 파이 차트는 너무 흔해서 진부한 감이 있다. 여기서는 대안으로 사각 타일(square tiles)을 제안한다. 이 그림은 사각형 틀에 배열한 100개의 색 타일을 보여준다.

보기: 우리나라에서 종교의 분포는 없음(A) 47%, 불교(B) 23%, 기독교(C) 18%, 천주교(D) 11%, 기타(E) 1%이다. 그림 1은 이를 나타낸 파이 차트이다. 파이 차트는 우리에게 친숙하지만 너무 흔해서 진부하다.[1)]

그림 2는 막대 그림(bar chart)이다. 인간은 길이를 판단하는 좋은 인지력을 갖고 있지만 막대 그림도 파이 차트에 못지않게 진부하다.

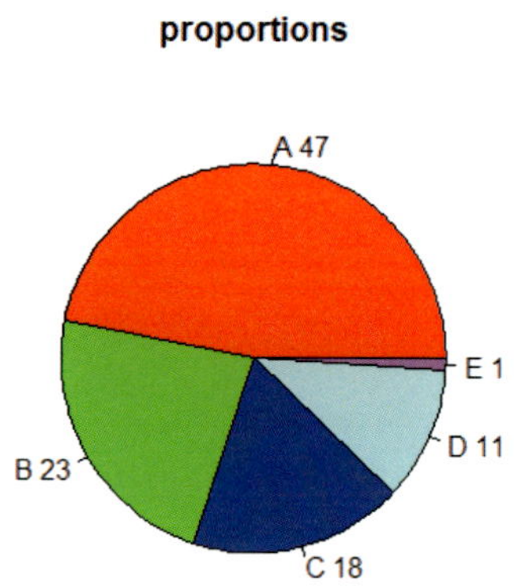

그림 1. 파이 차트

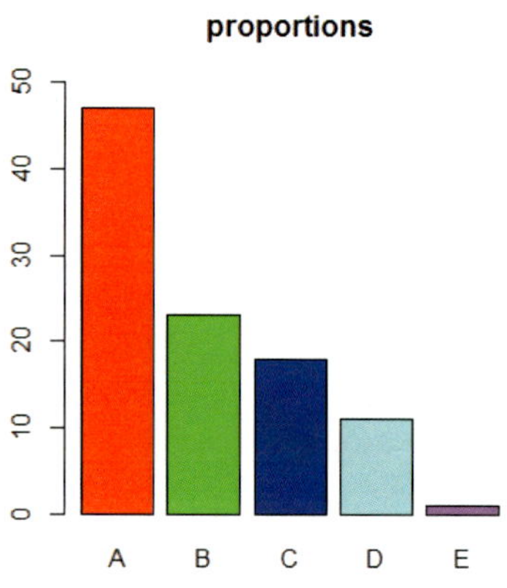

그림 2. 막대 그림

1) 어떤 그래프가 좋은 그림인가? 친숙성은 플러스 요인인 경우도 있지만 그렇지 않은 경우도 있다. 때로는 창의적 표현을 시도할 필요가 있다.

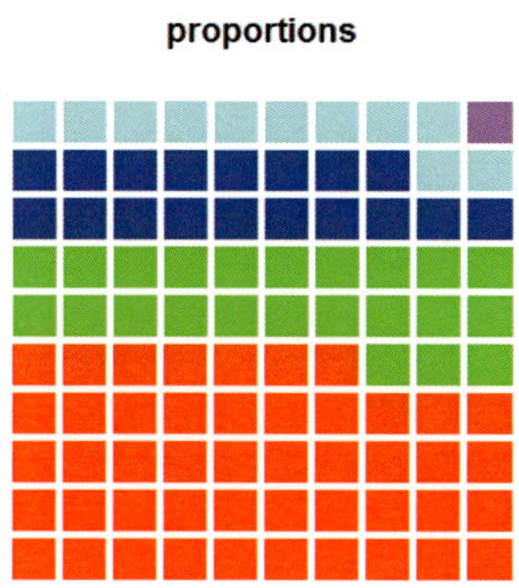

그림 3. 사각 타일

* ■ A, ■ B, ■ C, ■ D, ■ E

그림 4. 컬러 스티커

* ● A, ● B, ● C, ● D, ● E

제안: 100개의 컬러 타일로 구성 비율을 표현하는 것은 어떨까? 그림 3을 보라 (그림 3에서 빨간 색 타일의 개수는 A의 퍼센트 비율인 47개이다). 그림 4는 컬러 타일 대신에 컬러 스티커를 쓴 것이다. 꼭 체계적으로 배치해야 할까? 그림 5와 그림 6은 타일과 스티커를 임의로 배치했을 때의 모습이다.

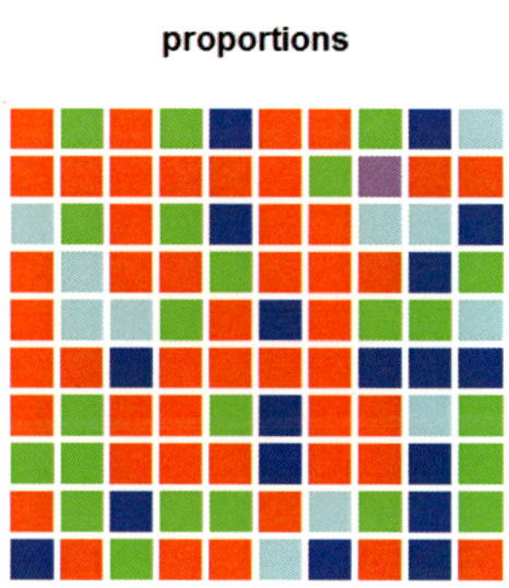

그림 5. 사각 타일 (random)

* ■ A, ■ B, ■ C, ■ D, ■ E

그림 6. 컬러 스티커 (random)

* ● A, ● B, ● C, ● D, ● E

R 스크립트: square tiles.r

- prop에 퍼센트 비율을 넣는다 (원소의 합은 100).
- type는 "systematic"(=체계적)이거나 "random"(=임의적)이다.

```
prop <- c(47,23,18,11,1)
type <- "systematic" # type <- "random"
m <- length(prop)

# pie chart
windows(height=5, width=4.5)
pie(prop, col=2:(m+1), main="proportions",
labels=paste(LETTERS[ 1:m] , prop))

# bar chart
windows(height=5, width=4.5); par(oma=c(0,0,1,1))
names(prop) <- LETTERS[ 1:m]
barplot(prop, col=2:(m+1), ylim=c(0,50), main="proportions")

# square tiles
p.vec <- rep(1:m, prop)
if (type=="random") p.vec <- sample(p.vec)
P <- matrix(p.vec, 10, 10)
color <- 2:(m+1)
windows(height=5, width=4.5); par(oma=c(0,0,1,1))
image(P, col=color, axes=F, main="proportions")
abline(h=seq(-0.05,1.05,1.1/10),col="white",lwd=4)
abline(v=seq(-0.05,1.05,1.1/10),col="white",lwd=4)

# color stickers
P <- cbind(rep(1:10,10), rep(1:10, rep(10,10)))
color <- rep(2:(m+1), prop)
if (type=="random") color <- sample(color)
windows(height=5, width=4.5); par(oma=c(0,0,1,1))
plot(P, pch=20, xlim=c(0,11), ylim=c(0,11), col=color,
     axes=F, xlab="", ylab="", cex=3, main="proportions")
```

8. 테이블 그림 table plot

개요: 테이블 그림(table plot)은 개체 수가 큰 다변량 자료에 대한 시각화 도구이다. 특정 변수를 기준으로 전체 자료를 정렬하여 일정 수(= 100, 디폴트)의 구간으로 나눈 다음, 그 밖의 변수들에 대한 '요약'을 시각화한 그림이다. 이때, 구간별 '요약'은 변수가 범주형인 경우에는 구성 비율이고 연속형인 경우에는 평균이다. 여기서는 R 패키지 `tabplot`을 활용한다.

방법: 그림 1은 `ggplot2` 패키지의 `diamonds` 자료에 대한 테이블 그림이다. 이 자료는 53,940개의 다이아몬드에 대해 조사된 10개 변수의 자료 값을 담고 있다. 여기서 분석될 5개 변수는 다음과 같다.

- carat: 다이아몬드의 크기,
- cut: 단면의 질 (Fair, Good, Very Good, Premium, Ideal),
- color: 컬러 등급 (from J (=worst) to D (=best)),
- clarity: 투명도 등급 (I1(=worst), SI1, SI2, VS1, VS2, ..., IF(=best)),
- price: 가격 ($326-$18,823).

그림 1의 테이블 그림에서 정렬기준으로 지정된 변수는 price이고 구간 수는 100(=디폴트)이다. 그러니까 그림 1에서 1%로 마킹된 첫 행에 price가 가장 큰 5,394개(=상위 1%) 다이아몬드들의 평균 carat, cut 등급 분포, color 등급 분포, clarity 등급 분포, 평균 price가 표현된다.

그림 1은 R 패키지 `tabplot`의 `tableplot( )`을 써서 만든 테이블 그림이다. 인수 `select`에 그림에 포함될 변수들을 넣고 인수 `sortCol`에 정렬기준 변수를 넣는다. 이 예에서는 carat, cut, color, clarity, price가 `select` 변수이고 price가 `sortCol` 변수이다.

그림 1을 보면 price의 막대들이 단조 하강하는데 당연한 결과이다. 왜냐하면 price를 정렬기준으로 하였기 때문이다. 그런데 carat의 막대들도 단조 하강한다. 이것은 carat과 price 간 상관이 매우 높음을 의미한다.

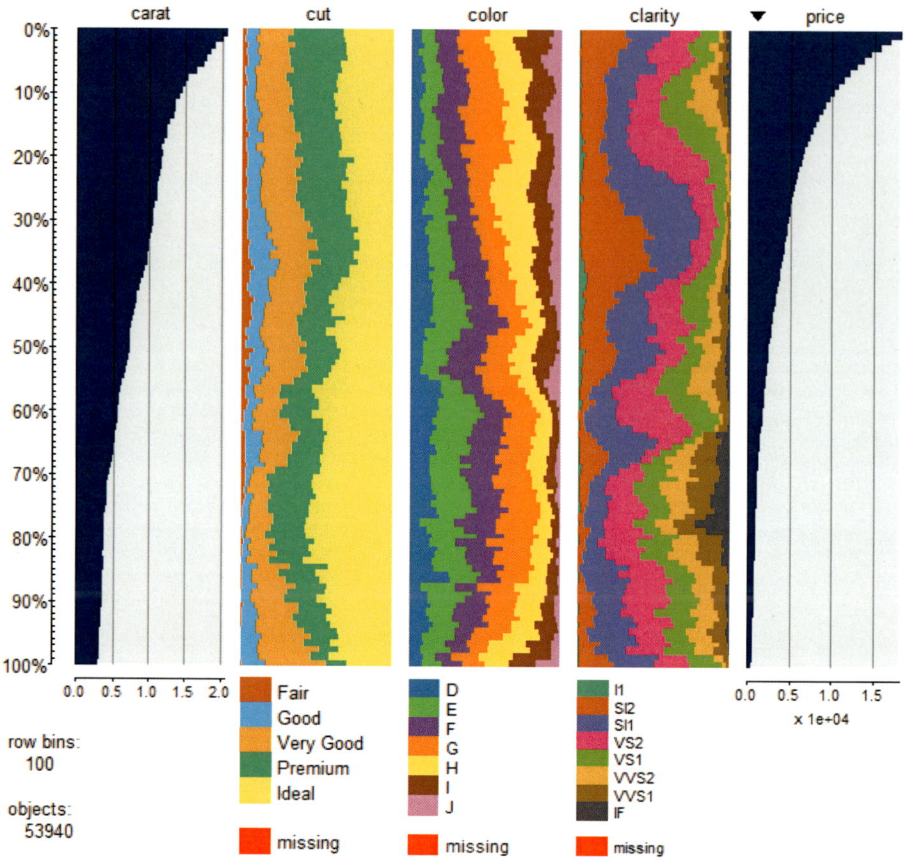

그림 1. diamonds 자료의 테이블 그림: price로 정렬

cut 등급, color 등급, clarity 등급의 분포는 price에 따라 어떻게 다른가? 이들은 순서 범주형이다. 자세히 보면 자료에 내재된 경향을 알 수 있지만 컬러가 울긋불긋하여 눈이 쉽게 피곤해진다. **`tableplot( )`**의 인수 **`pals`**에서 가용한 순차적(sequential) 컬러 계열은 **`"Blues"`**, **`"Greens"`**, **`"Greys"`**, **`"Oranges"`**, **`"Purples"`** 등이다. 이들은 Brewer 컬러로서 최대 8개 색이 농도로 구분 된다 (옅은 색에서 진한 색으로). 따라서 범주 수가 7개 이하인 경우에는 2번 이상에서 시작할 수 있다. **`"Blues(2)"`**는 2번 블루 컬러에서 시작함을 뜻한다.

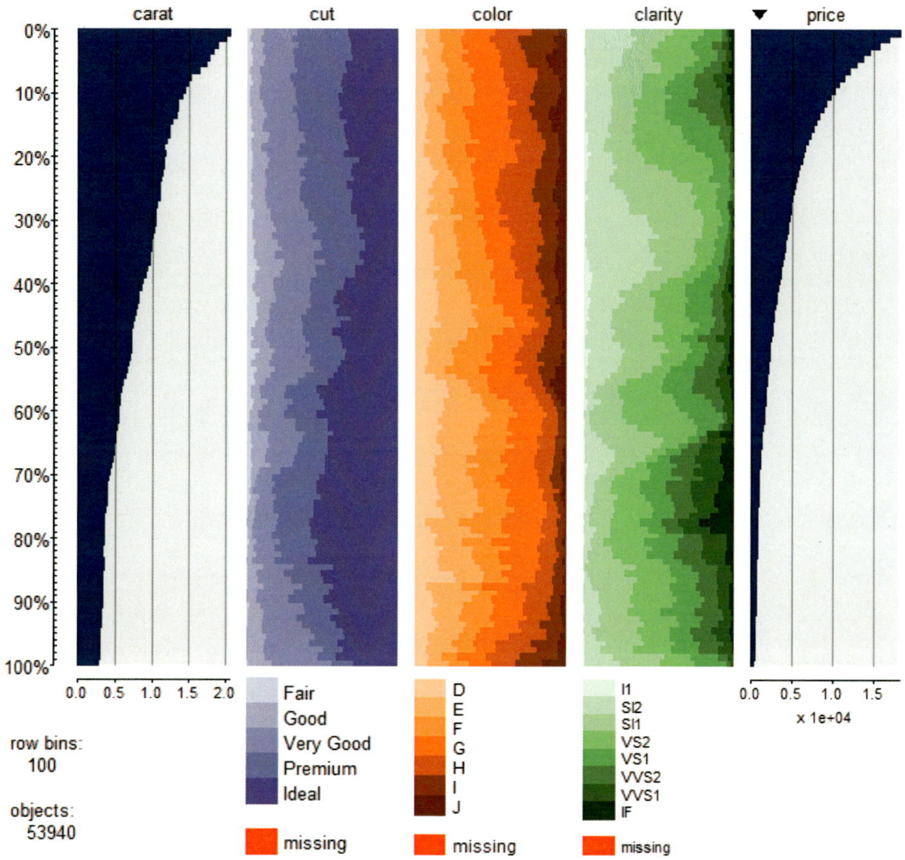

그림 2. diamonds 자료의 테이블 그림: price로 정렬

그림 2는 범주형 변수 cut, color, clarity의 컬러를 각각 `"Purples"`, `"Oranges"`, `"Greens"` 계열에서 취한 결과이다. price의 작은 값 구간인 70%-80% 대에서 cut 등급이 높음을 알 수 있다.

분석자의 관심이 1 캐럿 이상의 다이아몬드에 있다고 하자. diamonds 자료에서 그런 케이스는 전체의 35%인 19,060 건이다. 개체 선택의 조건은 인수 `subset`에 지정 한다 `(subset = (diamonds$carat >= 1))`. 그림 3이 결과이다.

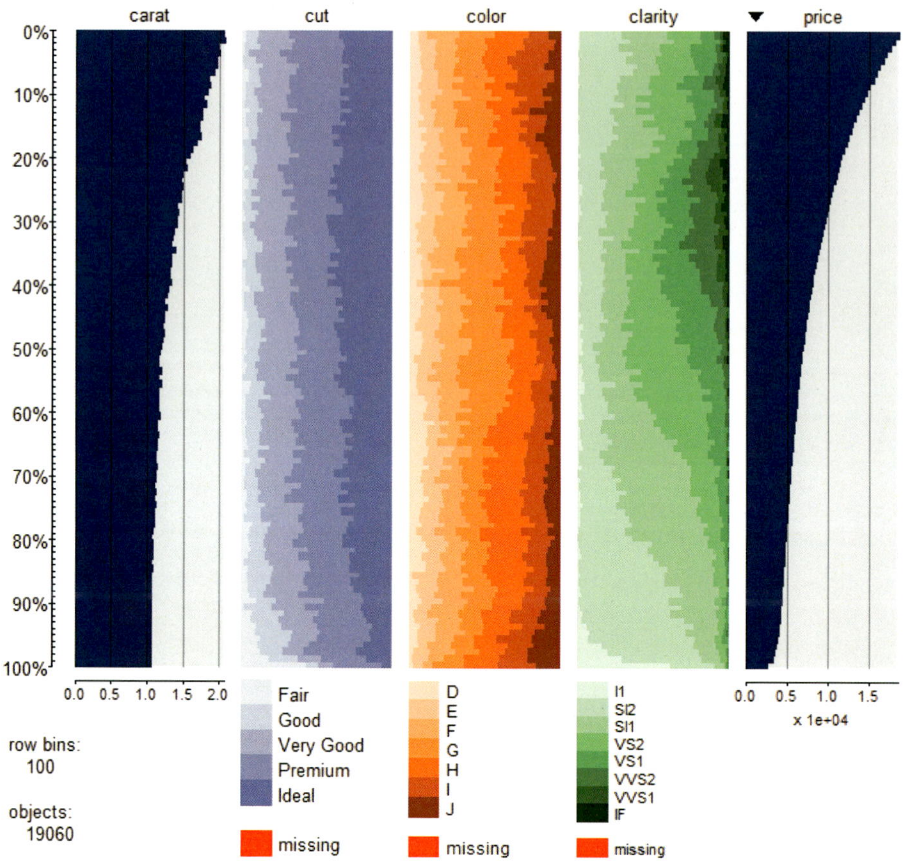

그림 3. 테이블 그림: 1 carat 이상의 다이아몬드, price로 정렬

정렬 기준을 범주형 변수로 둘 수도 있다. 그림 4는 color를 정렬 기준으로 한 테이블 그림이다. color 등급이 높을수록 carat이 크고 또한 price가 높음을 볼 있다. 이는 다이아몬드의 가격에 영향을 미치는 제2의 변수가 color임을 의미한다.

노트: 테이블 그림은 개체 수가 많은 다변량 자료의 탐색적 시각화에 적합하다. 구간 수 `nBins`를 100 (디폴트)로 두는 경우엔 총 자료의 크기는 5,000 이상이여야 한다. 자료가 작은 경우에는 구간 수 `nBins`를 줄여야 한다

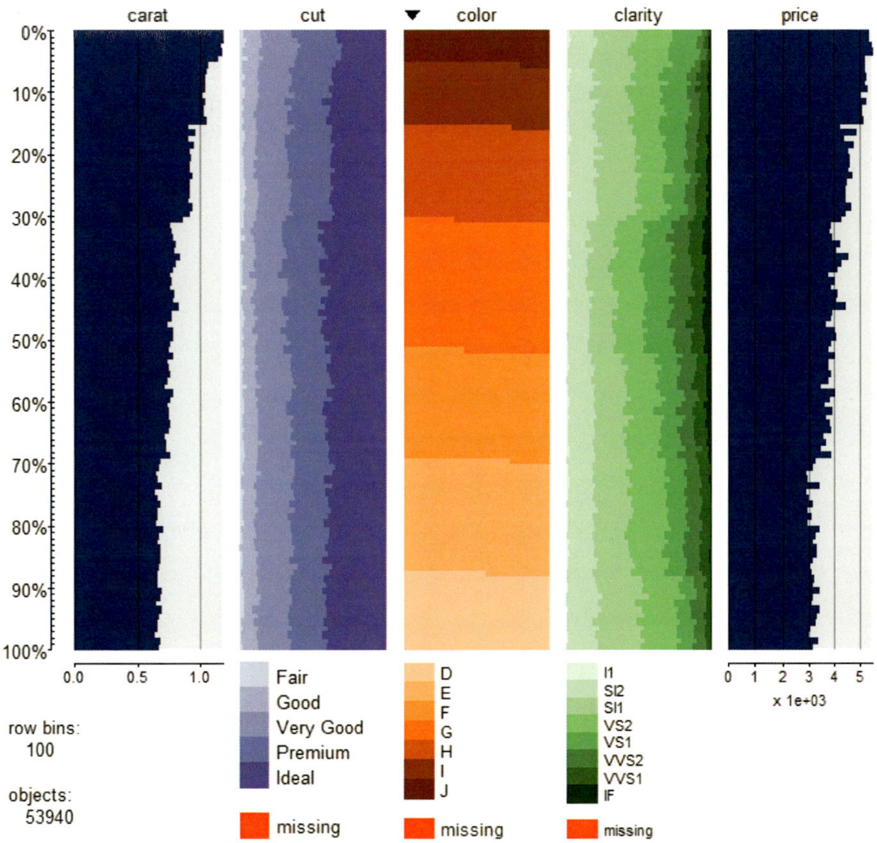

그림 4. 테이블 그림: color로 정렬

R 스크립트: tabplot diamonds.r

```
library(tabplot)
require(ggplot2)
data(diamonds)
str(diamonds)
windows(height=6, width=7)
tableplot(diamonds, select=c(carat, cut, color, clarity,
      price), sortCol=price)
windows(height=6, width=7)
```

```
tableplot(diamonds, select=c(carat, cut, color, clarity, price),
       sortCol=price,
       pals = list(cut = "Purples(2)", color = "Oranges(2)",
              clarity = "Greens"))
sum(diamonds$carat >= 1)
windows(height=6, width=7)
tableplot(diamonds, select=c(carat, cut, color, clarity, price),
       sortCol=price,
       pals = list(cut = "Purples", color = "Oranges",
              clarity = "Greens"),
       subset = (carat >= 1))
windows(height=6, width=7)
tableplot(diamonds, select=c(carat, cut, color, clarity, price),
       sortCol=color,
       pals = list(cut = "Purples(2)", color = "Oranges(2)",
       clarity = "Greens"))
```

9. 모자이크 플롯 mosaic plot

개요: 모자이크 플롯(mosaic plot)은 2원 · 3원 교차표의 시각화이다. 전체 정사각 도형을 교차표의 행 빈도에 비례하는 직사각 도형으로 나누고 다시 각 도형을 행 내 열의 빈도에 해당하는 직사각 도형으로 나눈다. 이런 과정은 계속될 수 있다.

보기: `UCBAdmissions` (`datasets` 팩키지)는 1973년 UC Berkeley의 대학원 지원생들의 합격여부 기록이다. 가용변수는 성별(Gender), 합격여부(Admit)와 지원학과(Dept) 등이다. 이 자료로부터 대학원 입학에서의 남녀 차별 문제가 제기되었는데 이유는 남자 지원자의 합격률이 여자 지원자의 합격률보다 14.1%P 높았기 때문이다. 표 1을 보라.

그림 1은 표 1 자료를 시각화한 모자이크 플롯이다. `graphics` 팩키지의 `mosaicplot()` 함수로 만든 것이다. 전체 도형이 Gender의 'Male 대 Female'에 따라 나뉘고 Male 도형과 Female 도형이 각각 'Admitted : Rejected'의 비에 따라 나뉜다. 남자 지원자의 합격률이 여자의 합격률보다 크게 나타난다.

그림 2는 전체 정사각형을 지원학과(Dept)로 분할하고 이어서 Gender와 Admit로 분할해 놓은 모자이크 플롯이다. 지원학과 별 남녀의 합격률을 비교해보면 남자 지원자의 합격률이 여자 지원자의 합격률에 비해 꼭 높은

표 1. UC Berkeley 입학 자료: 남녀의 합격여부 비교

	Admit		
Gender	Admitted	Rejected	Sum
Male	1198	1493	2691
Female	557	1278	1835
Sum	1755	2771	4526

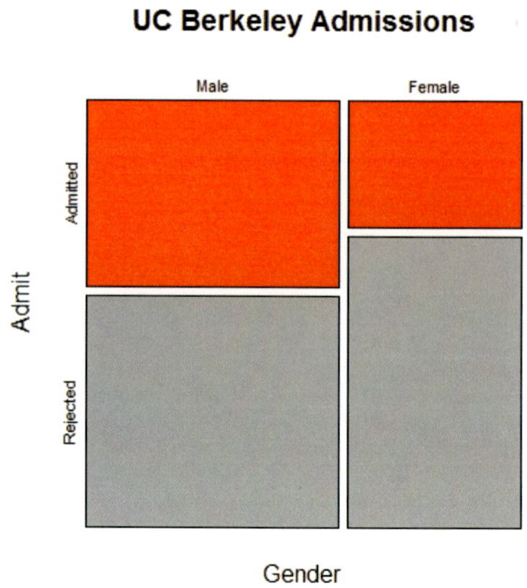

그림 1. 버클리 입학 자료의 모자이크 플롯: 남녀의 합격률 비교

것은 아니라는 것을 알 수 있다 (심프슨의 역설; Simpson's paradox). 예컨대 학과 A의 경우 남자 합격률에 비해 여자 합격률이 월등하게 높다. 학과 B에서도 약간 그렇다. 나머지 학과들에서는 두드러진 차이가 나타나지 않는다. 이와 같은 모순적 현상이 발생하는 이유는 남자 지원자들은 학과 A와 B에 지원이 많은데 이들 학과에서는 대체로 합격률이 높기 때문이다.

A와 B에 지원그림 2의 모자이크 플롯에서 Dept와 Gender는 수직방향으로, Admit은 수평방향으로 배열되었다. 이를 위하여 `mosaicplot( )`내에서 `dir=c("v","v","h")`이 삽입되었고 도형 간 간격을 좁히기 위하여 `off=1`이 넣어졌다.

노트: 모자이크 플롯은 막대 그림과 유사하다. 그러나 범주의 빈도에 따라 도형의 폭이 달라진다는 점, 도형이 위계적으로 분할된다는 점이 다르다.

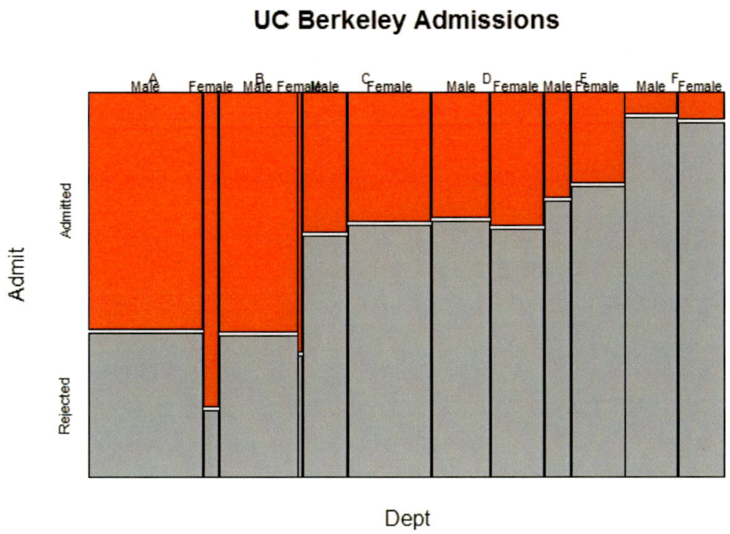

그림 2. 버클리 입학 자료의 모자이크 플롯: 학과별 남녀의 합격률 비교

R 스크립트: mosaicplot.r

```
library(tabplot)
data(UCBAdmissions)
str(UCBAdmissions)
addmargins(apply(UCBAdmissions, c(2,1), sum))

require(graphics)
mosaicplot(apply(UCBAdmissions, c(2,1), sum),
      color=c("red","grey"),
      main = "UC Berkeley Admissions")
mosaicplot(~Dept+Gender+Admit, data=UCBAdmissions,
      color=c("red","grey"), dir=c("v","v","h"), off=1,
      main = "UC Berkeley Admissions")
```

10. 나무 지도 tree map

개요: 나무 지도(tree map)는 계층적으로 타일(tile)을 배열하여 붙인 통계 그림이다. 타일은 계층적 속성을 가지며 컬러로 표현된다.

보기: GNI2010 자료 (treemap 팩키지)는 208개 국가에 대하여 1인당 소득(GNI, gross national income)과 인구(population) 등의 국가정보를 담고 있다. 국가는 대륙(continent)으로 대별되고 표준기호(iso3)로 지칭된다. 그림 1이 GNI2010 자료의 나무 지도이다.

그림 1에서 전체 사각형은 대륙(Asia, Europe, North America, South America, Africa 등)으로 크게 나뉘는데, 이때 각 대륙은 총 인구에 비례하는 크기의 직사각형 타일로 표현된다. 대륙이라는 큰 직사각형 타일 내에서 각 국가는 다양한 크기의 직사각형 타일로 나뉜다. 이때 타일의 크기는 인구에 비례하고 컬러는 GNI 수준을 나타낸다. 범례에 의하면 GNI가 클수록 녹색이 진해진다. Asia에서는 JPN(일본)이 진한 색으로 나타난다.

방법: R에서 나무 지도는 treemap 팩키지의 `treemap( )` 함수를 써서 만들 수 있다. `treemap( )` 함수에서 index에는 개체의 단위를 지정하는데 계층적 구조를 갖는 경우 상위 층을 먼저 넣는다. vSize에는 타일의 크기, vColor에는 타일의 컬러로 표현할 변수를 넣는다.

tree map의 알고리즘은, 1) 각 계층과 개체가 가급적 정사각형에 가깝게 되도록, 2) 크기가 큰 계층과 개체가 가급적 왼쪽 위에 나타나도록, 타일들을 만들고 배열한다.

상위 계층의 평균적 속성을 나타내는 tree map을 위해서는 `treemap( )` 함수의 사용에 앞서 계층 자료를 별도로 만들 필요가 있다.

GNI2010 사례에서 그것을 위해서는 대륙별 평균 GNI가 계산되어야 하는데, 이를 위해서는 국가 GNI가 GNI와 population의 곱으로 산출되어야 하

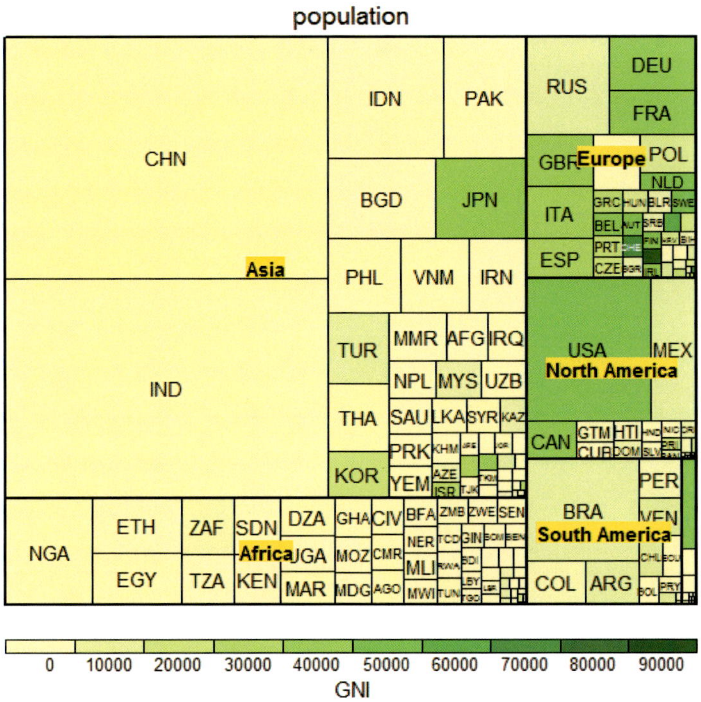

그림 1. GNI2010 자료의 나무 지도: 국가 정보의 표현

고 대륙별로 국가 GNI의 총합을 국가 population의 총합으로 나눔으로써 대륙별 평균 GNI가 비로써 얻어진다. 그림 2를 보라. 대륙 정보를 한 눈에 볼 수 있다.

R 스크립트: treemap.r

```
library(treemap)
data(GNI2010)
str(GNI2010)
windows(height=7, width=5.8)
treemap(GNI2010,index=c("continent","iso3"),vSize="population",
     vColor="GNI",type="value", bg.labels="yellow")
```

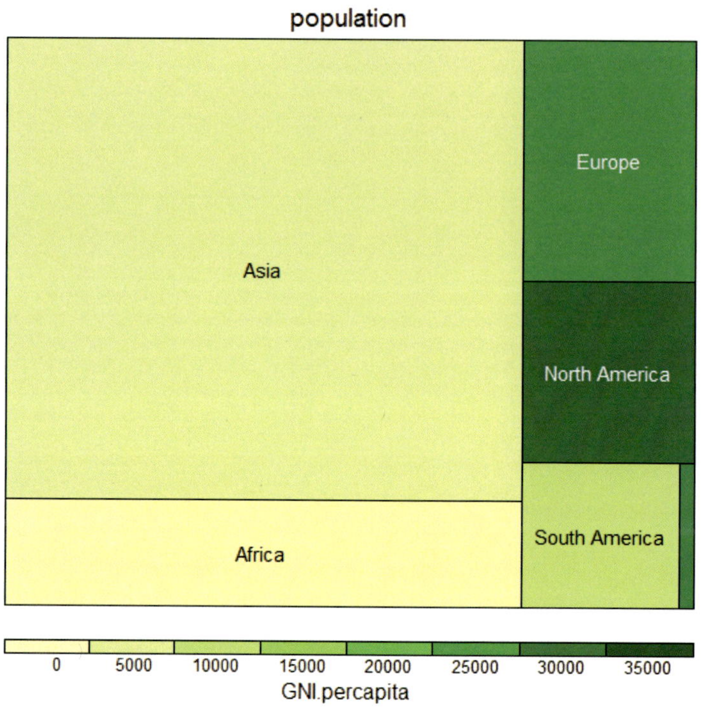

그림 2. GNI2010 자료의 나무 지도: 대륙 정보의 표현

```
GNI2010$GNI.total <- GNI2010$population* GNI2010$GNI
GNI2010.a <- aggregate(GNI2010[ ,4:6] ,
             by=list(GNI2010$continent),sum)
GNI2010.a$GNI.percapita <- GNI2010.a$GNI.total
             /GNI2010.a$population
windows(height=7, width=5.8)
treemap(GNI2010.a,index=c("Group.1"),vSize="population",
        vColor="GNI.percapita",type="value",
        bg.labels="yellow")
```

11. 막대 그림 bar plot

개요: 막대 그림(bar plot)은 여러 목적으로 아주 흔히 쓰이는 통계 그래프이다. 따라서 보통의 막대 그림으로는 사람들의 주목을 끌기 어렵다. 여기서는 수직 막대에 수평 눈금을 넣은 막대 그림을 제안한다.

제안: 표 1의 VADeaths {datasets}는 미 버지니아 주의 연령별 · 농촌-도시 · 남녀 별 사망률 자료이다 (사망률은 인구 1,000명당 사망자 수로 정의된다). 그림 1은 농촌-도시 · 남녀별 50-54세 사망률을 보여주는 막대 그림이다.

표 1. VADeaths 자료 (사망률: 인구 1,000명당 사망자 수)

	Rural Male	Rural Female	Urban Male	Urban Female
	rM	rF	uM	uF
50-54	11.7	8.7	15.4	8.4
55-59	18.1	11.7	24.3	13.6
60-64	26.9	20.3	37.0	19.3
65-69	41.0	30.9	54.6	35.1
70-74	66.0	54.3	71.1	50.0

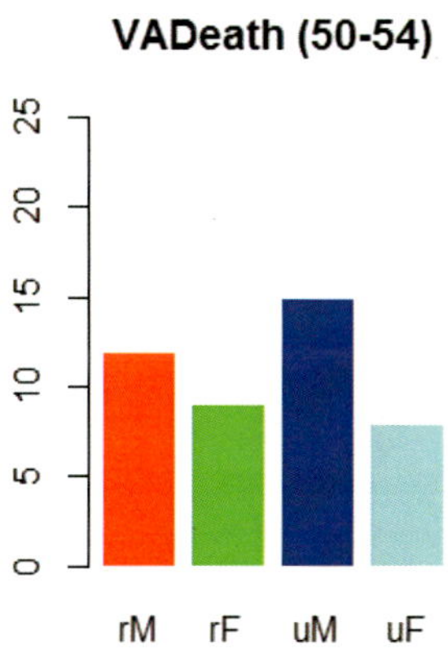


```
rM: rural male
rF: rural female
uM: urban male
uF: urban female
```

그림 1. 농촌-도시 · 남녀별 50-54세 사망률

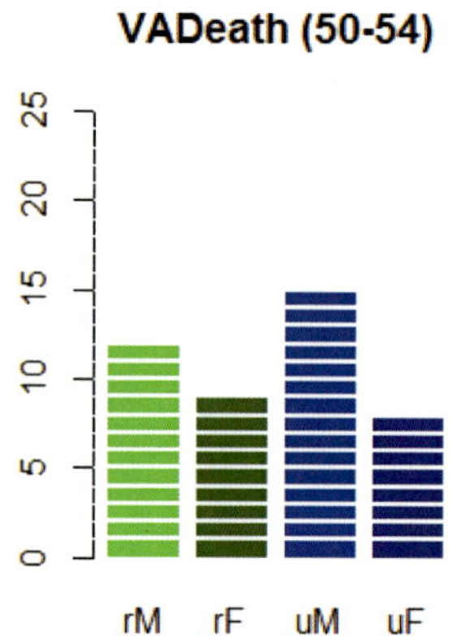

그림 2. 농촌-도시 · 남녀별 50-54세 사망률

그림 1에서 rM(rural male), rF(rural female), uM(urban male), uF(urban female) 그룹의 사망률을 비교해 볼 수 있다. 예쁘게 보이려고 컬러가 넣어져 있지만 그것 말고는 특색이 없으니 밋밋하다.

그림 2의 막대 그림도 그림 1의 막대 그림과 기본 내용은 같지만 표현 방식이 새롭다. 얇은 칩이 쌓여 있는 모습이라서 막대 간 차이가 자연스럽게 나타나 있다. 컬러 할당도 구조적이다. 농촌(rural)은 녹색으로, 도시(urban)는 청색으로, 남자는 옅은 색으로, 여자는 진한 색으로 되어 있다.

이 그림은 `barplot( )` 함수로 기본 그림을 잡은 후 `abline( )` 함수를 써서 평행선을 일정 간격으로 그은 것이다. 선의 폭(`lwd`)을 2배로 하였다.

그림 3은 표 1 자료의 모든 정보를 표현해낸 막대 그림이다. rM (rural male), rF (rural female), uM (urban male), uF (urban female) 그룹별로 연령별 사망률이 제시되어 있다. 평행선을 백색으로 넣어 비교가 쉬워졌고 멋도 있다.

그림 4의 왼쪽 막대 그림도 표 1의 자료를 완전하게 표현해낸다. 오른쪽 막대 그림은 왼쪽 것과 같지만 컬러에서는 차이가 있다. Brewer 컬러 중 순차적 Greens을 사용하여 그래프 품격을 높였다.

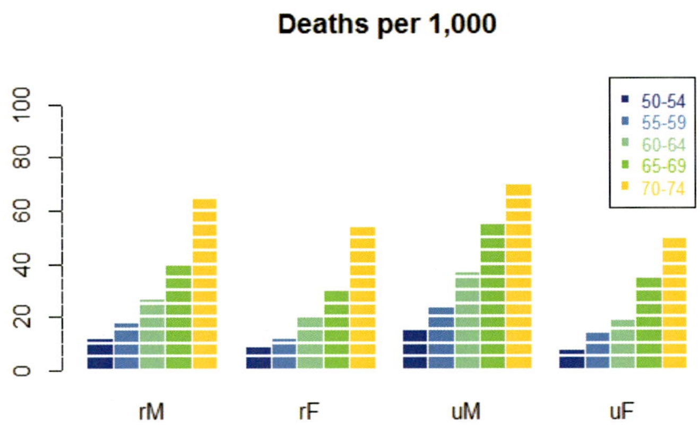

그림 3. rM. rF, uM, uF 그룹의 연령별 사망률

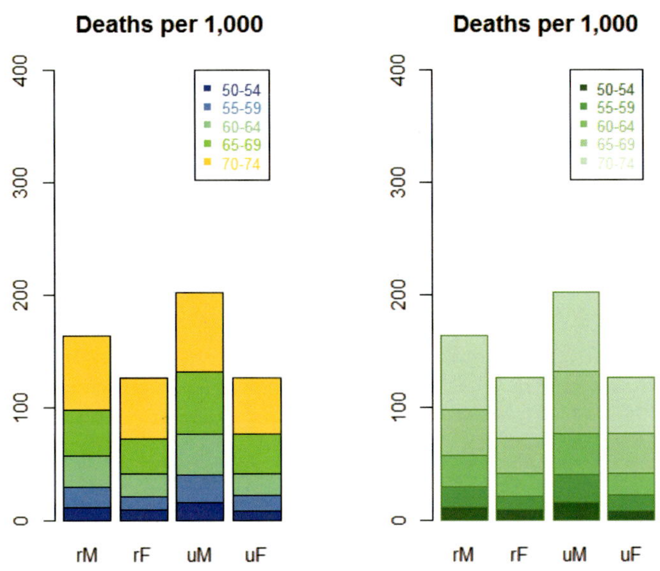

그림 4. rM. rF, uM, uF 그룹의 연령별 사망률

R 스크립트: barplot VADeaths.r

```
data(VADeaths); VADeaths
windows(height=4,width=3)
par(mfrow=c(1,2))
colnames(VADeaths) <- c("rM","rF","uM","uF")
barplot(round(VADeaths[1,]), col=2:5, border="white",
   ylim=c(0,25), main="VADeath (50-54)")
windows(height=4,width=3)
barplot(round(VADeaths[1,]),
   col=c("green2","darkgreen","blue","blue4"),
   border="white", ylim=c(0,25), main="VADeath (50-54)")
abline(h=1:25, col="white", lwd=2)

windows(height=4,width=6)
barplot(round(VADeaths), beside = TRUE, col = rainbow(7)[6:2],
   border="white", ylim = c(0, 110))
abline(h=seq(0,110,5), col="white", lwd=2)
legend(21,110,rownames(VADeaths), text.col =rainbow(7)[2:6],
   pch=15, col = rainbow(7)[2:6], cex=0.8)
title(main = "Deaths per 1,000")

windows(height=8,width=9)
colnames(VADeaths) <- c("rM","rF","uM","uF")
par(mfrow=c(1,2))
barplot(VADeaths, border ="black", col=rainbow(7)[6:2],
   ylim=c(0,400), fill="grey", main = "Deaths per 1,000")
legend(3, 400, rownames(VADeaths), text.col=rainbow(7)[6:2],
   pch=15, col=rainbow(7)[6:2], cex=0.8)
library(RColorBrewer)
barplot(VADeaths, border ="forestgreen",
   col=brewer.pal(6,"Greens")[6:2], ylim=c(0,400), fill="grey",
   main = "Deaths per 1,000")
legend(3, 400, rownames(VADeaths),
   text.col=brewer.pal(6,"Greens")[6:2], border="grey", pch=15,
   col=brewer.pal(6,"Greens")[6:2], cex=0.8)
```

12. 파이 차트 pie chart

개요: 파이 차트(pie chart)는 구성 비율을 나타내는 목적으로 흔히 쓰인다. 보통의 파이 차트로는 사람들의 주목을 끌기 어렵다. 원형인 파이 차트 보다는 도넛(doughnut) 차트가 낫다. 사각형 파이는 어떨까?

보기: 표 1은 우리나라 정부의 2012년 예산이다 (단위: 조원). 이를 시각화할 방법으로 무엇이 좋을까? 대다수 사람들은 파이 차트를 생각할 것이다.

그림 1은 통상적인 파이 차트이다. '보건복지'가 가장 큰 것은 쉽게 알겠지만 다음이 어느 것인지는 알쏭달쏭하다. 파이의 여러 조각을 비교하는 과정에서 집중력을 잃기 쉽다. 그림 1보다 나은 파이 차트를 만들어보자.

그림 2의 파이 차트를 보라. 속이 비어 있어 도넛 차트라고도 한다.

표 1. 우리나라 정부의 2012년 예산 (단위: 1,000,000,000원)

기호	예산	부문	기호	예산	부문
A	16.0	연구개발	G	92.6	보건복지
B	45.5	교육	L	55.1	행정
C	4.6	문화	B	45.5	교육
D	15.1	산업	J	33.0	국방
E	23.1	사회자본	E	23.1	사회자본
F	18.1	농림	F	18.1	농림
G	92.6	보건복지	A	16.0	연구개발
H	6.0	환경	D	15.1	산업
I	3.9	외교	K	14.5	안전
J	33.0	국방	H	6.0	환경
K	14.5	안전	C	4.6	문화
L	55.1	행정	I	3.9	외교
* 기호 순서			** 예산 순서		

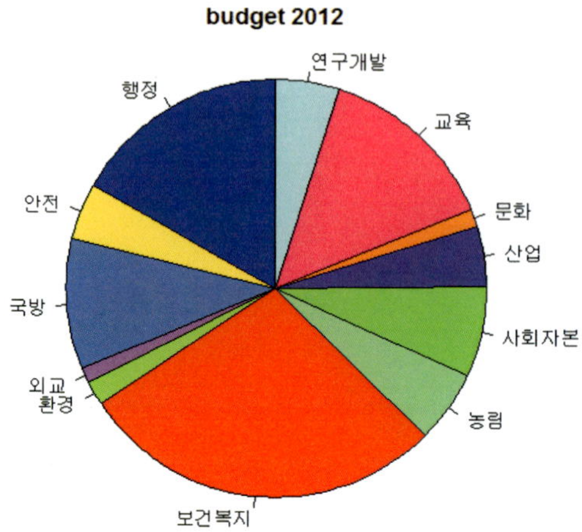

그림 1. 우리나라 정부의 2012년 예산 [파이 차트]

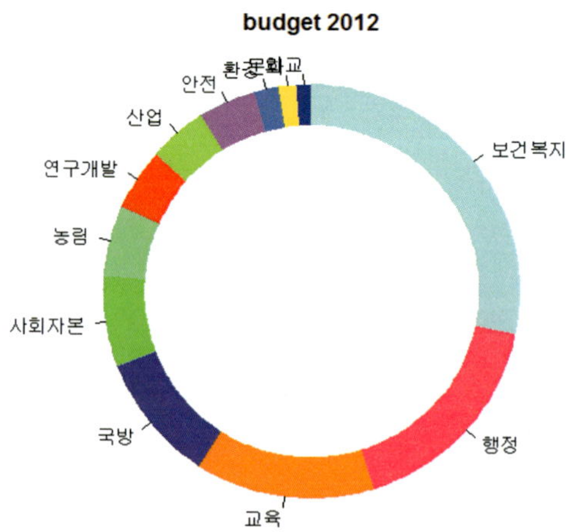

그림 2. 우리나라 정부의 2012년 예산 [도넛 차트]

그림 2의 도넛 차트는 그림 1의 파이 차트보다 깔끔하다. 중앙에 빈 공간이 있고 예산의 크기 순서로 12개 부문들이 정렬되었기 때문이다. 보건복지, 행정, 교육, 국방이 4대 부문이고 이들이 전체의 2/3임을 알 수 있다.

그림 3. 등비가 0.5인 수열 자료

제안: 동그라미 대신, 네모가 어떨까? 그림 3은 등비가 0.5인 수열 자료, 즉 부문의 크기 비가 $1, 0.5, 0.5^2, 0.5^3, \cdots$ 인 수열에 대하여 변의 길이가 1인 정사각형에 부문 크기에 비례하는 직사각 도형을 좌(左)·상(上)에서 우(右)·하(下)의 순서로 채워 넣은 '사각 파이'(square pie)이다.[1)]

그림 4는 우리나라 정부의 2012년 예산 자료에 대한 사각 파이이다. 색 구분은 그림 2에서와 같다.

R 함수 **square.pie( )**는 그림 3과 그림 4와 같은 사각 파이를 그려낸다. 이 함수의 인수들은 다음과 같다.

`p =` 구성 비율 (합이 1인 아닌 경우엔 함수 안에서 자동 변환된다)
`color =` 컬러 배당
`title =` 그림 제목

사각 파이에서는 부문들의 순서 열에서 각 부문이 이후 부문들의 총합과 어떤 비를 이루지는 지를 쉽게 파악할 수 있다.

---

1) 이 그림을 보고 Mondrian을 연상한다면 당신은 데이터 시각화에 천부적 재질이 있다.

그림 4. 우리나라 정부의 2012년 예산 [사각 파이]:

보건복지-행정-교육-국방-사회자본-농림-연구개발-산업-안전-환경-문화-외교

R 스크립트: `square pie budget.r`

```
budget2012 <- read.csv("budget2012.csv", header=T)
title <- "budget 2012"
p <- budget2012$budget
pie(p, col=color, labels = budget2012$name, radius=1, main=title,
     clockwise=T, init.angle=90)

ord <- order(budget2012$budget, decreasing=T)
budget2012 <- budget2012[ord,]
p <- budget2012$budget
color <- rainbow(12)[ord]

pie(p, col=color, labels = budget2012$name, radius=1, main=title,
     clockwise=T, init.angle=90, border=NA)
par(new=T)
pie(p, radius=0.8, col="white", labels=NA, border=NA)
```

```
square.pie <- function(p, color, title) {
   p <- p/sum(p); m <- length(p)
   I <- matrix(c(1,0,0,1),2,2)
   a <- rep(0,m); b <- rep(0,m); x <- rep(0,m); y <- rep(0,m)

   a[1] <- 1;       b[1] <- p[1]
   b[2] <- 1 - b[1]; a[2] <- p[2]/b[2]
   x[1] <- 0;       y[1] <- 1
   x[2] <- b[1];     y[2] <- 1

   for (i in 3:m){
      if (i %% 2 == 0) {
         b[i] <- b[i-2] - b[i-1];  a[i] <- p[i]/b[i]
         y[i] <- y[i-1];            x[i] <- x[i-1] + b[i-1]
      } else {
         a[i] <- a[i-2] - a[i-1];  b[i] <- p[i]/a[i]
         x[i] <- x[i-1];            y[i] <- y[i-1] - a[i-1]
      }
   }

   windows(height=6, width=5.5)
   plot(I, type="n", axes=F, xlab="", ylab="", main=title)
   for (i in 1:m) rect(x[i], y[i], x[i]+b[i], y[i]-a[i],
         col=color[i], border="black", lwd=4)
}

# geometric cases
r <- 0.5
p <- r^(1:12)
title <- paste("geometric with r=", r)
square.pie(p, color, title)

# government budget 2012
square.pie(p, color, title)
windows(height=2.2, width=5.5)
barplot(rep(1,12),col=color, axes=F)
```

13. 대시보드 dash board

개요: 대시보드(dash board)는 비즈니스의 핵심성과지표(KPI, key performance indicator)를 보여주는 그래프이다. R의 **polygon( )** 함수로 만든 간단한 대시보드를 제시한다.

보기: 그림 1은 대시보드의 전형을 보여준다. 지표는 최소값 0과 최대값 1 사이에서 값을 취하는 것으로 한다.

그림 1의 대시보드는 자동차 속도계와 같이 3개 영역으로 나뉘어져 있다. 좌측 구간은 '낮음'을, 중앙 구간은 '보통'을, 우측 구간은 '높음'을 의미한다. 그림 1의 대시보드에서는 낮음이 황금색(gold), 보통이 녹색(green3), 높음이 청색(navyblue)이지만 이것이 규칙인 것은 아니다.

그림 1의 개별 대시보드는 사용자 정의 R 함수 **dash.r( )**로 그려졌다. 이 함수의 인수는 다음과 같다.

x = 지표 값, 0과 1 사이.
q.1 = 낮음과 중앙의 경계, 좌측 기선과의 각 (0과 180 사이).
q.3 = 중앙과 높음의 경계, 우측 기선과의 각 (0과 180 사이).
title = 제목.

그림 1의 개별 대시보드에 사용된 **q.1**은 60(도)이고 **q.3**는 30(도)이다. **dash.r( )** 함수는 내부적으로 **polygon( )** 함수를 활용한다. 그림 1의 대시보드에서 지표 값 **x**는 0.57이다.

그림 2의 대시보드는 4개의 지표로 구성되어 있다. 투입된 개별 지표 값은 0.57, 0.79, 0.12, 0.92이다. 함수 **dash.r( )**의 사용 시 대시보도의 계기판이 정확한 반원(half circle)이 되도록 **windows( )** 함수에서 그래프 창의 세로와 가로를 잘 정하기 바란다.

대시보드의 디자인은 창의적이어야, 그러나 쉽고 단순하여야 한다.

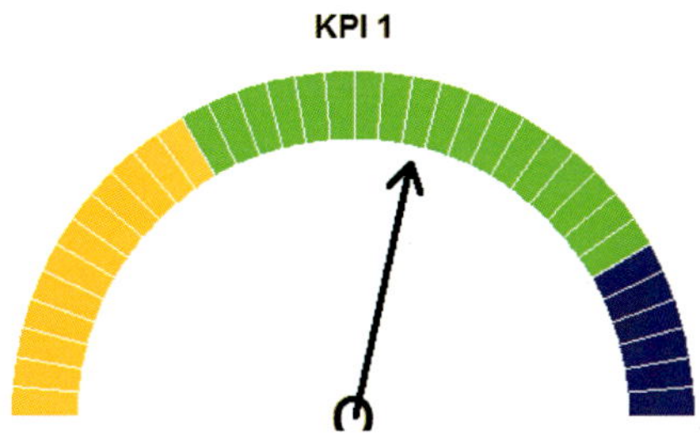

그림 1. 대시보드

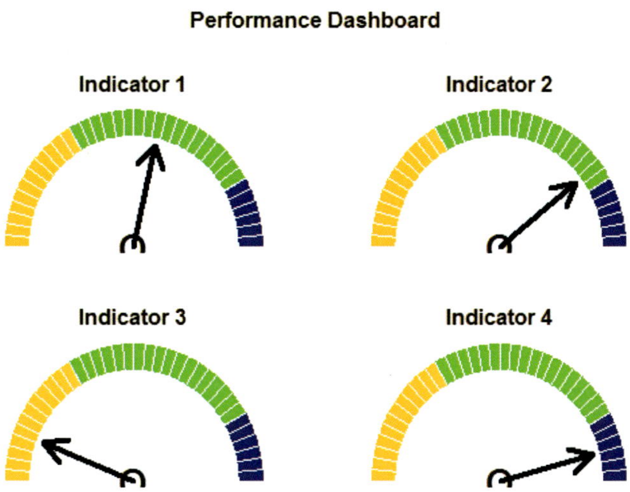

그림 2. KPI 대시보드

R 스크립트: dashboard.r

```
dash.r <- function(x, q.1, q.3, title) {
  I <- matrix(c(-1,0,0,1,1,0),3,2,byrow=T)
  plot(I, xlab="", ylab="", axes=F, type="n")
  x.circle <- cos(seq(0,180,1)*pi/180)
  y.circle <- sin(seq(0,180,1)*pi/180)
  circle <- rbind(cbind(x.circle[1:(q.3+1)],y.circle[1:(q.3+1)]),
    cbind(0.8*x.circle[(q.3+1):1],0.8*y.circle[(q.3+1):1]),
    col="green3")
  polygon(circle, col="navyblue", border="white")
  circle <- rbind(cbind(x.circle[(q.3+1):(181-q.1)],
    y.circle[(q.3+1):(181-q.1)]),
    cbind(0.8*x.circle[(181-q.1):(q.3+1)],
    0.8*y.circle[(181-q.1):(q.3+1)]), col="green3")
  polygon(circle, col="green3", border="white")
  circle <- rbind(cbind(x.circle[(181-q.1):181],
    y.circle[(181-q.1):181]), cbind(0.8*x.circle[181:(181-q.1)],
    0.8*y.circle[181:(181-q.1)]), col="green3")
  polygon(circle, col="gold", border="white")
  for (i in 0:36) segments(0,0,cos(i*pi/36),sin(i*pi/36),col="white")
  arrows(0,0,0.75*cos(pi-x*pi),0.75*sin(pi-x*pi), lwd=4, length=0.2)
  text(0,0,"o",cex=3)
  title(title)
}

windows(height=4.75, width=7)
par(oma=c(4,4,4,4), mar=c(2,2,2,2))
dash.r(0.57, 60, 30, "KPI 1")

windows(height=5, width=7)
par(mfrow=c(2,2), oma=c(4,4,4,4), mar=c(2,2,2,2))
dash.r(0.57, 60, 30, "Indicator 1")
dash.r(0.79, 60, 30, "Indicator 2")
dash.r(0.12, 60, 30, "Indicator 3")
dash.r(0.92, 60, 30, "Indicator 4")
title("Performance Dashboard", outer=T, col="navyblue")
```

14. 행렬의 이미지 image of matrices

개요: $n \times m$ 행렬(matrix)의 이미지는 예술적 가치가 있는 그림이 될 수 있다. 특히 행렬이 특별한 구조를 갖는 경우에 그렇다.

보기: 그림 1은 가로 25칸, 세로 25칸으로 되어 있으며 십자 무늬의 좌우·상하 반복 배열이 기본이다. 이것은 25×25 행렬 X의 이미지인데 $X = (x_{ij})$는 左下 4×4 블록이

forestgreen	forestgreen	white	forestgreen
forestgreen	white	black	white
forestgreen	forestgreen	white	forestgreen
forestgreen	forestgreen	forestgreen	forestgreen

이고 이것을 행렬 전체가 채워질 때까지 右上으로 'copy & paste'를 하고 십자 격자들 중간 칸에 녹색이 부여된 행렬의 이미지이다. 수식으로는

$x_{4i-1,4j-1} = 2, \quad i, j = 1, \cdots 6$ (for black cells),

$x_{4i-1,4j-2} = 1, \quad i, j = 1, \cdots 6$ (for whites below blacks),

$x_{4i-1,4j} = 1, \quad i, j = 1, \cdots 6$ (for whites above blacks),

$x_{4i-2,4j-1} = 1, \quad i, j = 1, \cdots 6$ (for whites, left of blacks),

$x_{4i,4j-1} = 1, \quad i, j = 1, \cdots 6$ (for whites, right of blacks),

$x_{4i+1,4j+1} = 3, \quad i, j = 1, \cdots 5$ (for green cells),

$x_{i,j} = 0,$ otherwise (for forestgreen cells)

이고, 셀 값 0, 1, 2, 3에는 대응하는 R 컬러는 "forestgreen", "white", "black", "green"이다.

그림 2는 그림 1이 임의로 헤쳐진 결과이다. 가히 파괴의 미학이다. 두 그림은 사용자 정의 함수 `Xmas.card( )`로 만든 것이다. 이 함수의 2개 인

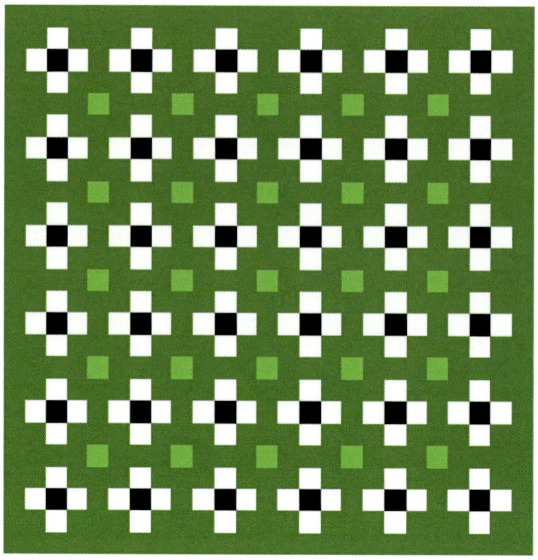

그림 1. 십자무늬 패턴

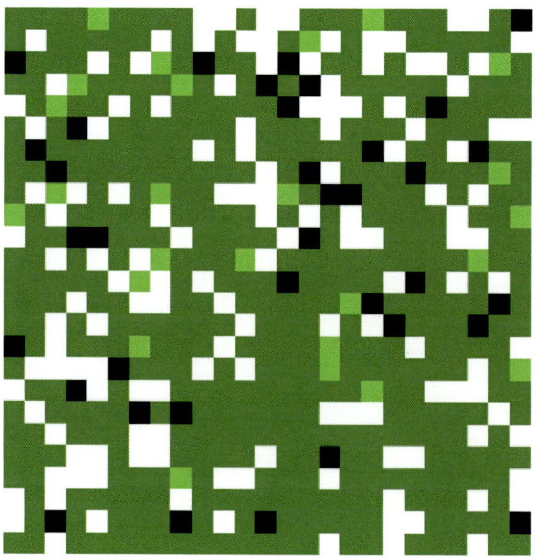

그림 2. 패턴이 임의로 헤쳐짐

수는 random과 color이다. 그림 1과 같이 패턴을 만들 때는 random을 0으로, 그림 2와 같이 패턴을 없앨 때는 random을 1로 둔다. color는 행렬 X의 셀 값 0, 1, 2, 3에 대응될 컬러이다 (길이 4의 벡터). 실험적으로 color에 다음 값을 넣어보라.

```
color <- c("red","green","forestgreen","purple")
```

R 스크립트: matrix image.r

```
Xmas.card <- function(random, color){
  X <- matrix(0,25,25)
  for (i in 1:6){
    for (j in 1:6){
      X[ 4*i-1,4*j-1] <- 2
      X[ 4*i-2,4*j-1] <- 1
      X[ 4*i-0,4*j-1] <- 1
      X[ 4*i-1,4*j-2] <- 1
      X[ 4*i-1,4*j-0] <- 1
    }
  }
  for (i in 1:5)
    for (j in 1:5) X[ 4*i+1,4*j+1] <- 3
  if (random==1) {
    x <- sample(as.vector(X))
    X <- matrix(x, 25, 25)
  }
  windows(height=7.1, width=6)
  par(oma=c(1,1,2.5,1))
  image(X, main="",col=color,axes=F)
}

color <- c("forestgreen","white","black","green")
# color <- c("red","green","forestgreen","purple")
Xmas.card(0, color)
Xmas.card(1, color)
```

15. 몬테칼로 모의시행 Monte Carlo simulation

개요: 몬테칼로 모의시행(Monte Carlo simulation)이 예술적 가치가 있는 멋진 그림을 만들어내기도 한다. 임의성(randomness)의 아름다움을 보자.

보기: 그림 1은 10개의 산봉우리를 보여준다. 산봉우리 정점들은 2차원 정사각 평면 $[0,1]\times[0,1]$에 균일하게 임의 배치되었는데, 일부는 눈으로 덮였고 ("grey" 컬러) 나머지 일부는 그렇지 않다("forestgreen" 컬러). 다만 디지털 효과를 내기 위해 산봉우리 정점을 가장 가까운 0.02 간격의 격자점에 옮겨졌다. "grey" 또는 "forestgreen"의 확률은 0.3과 0.7로 하였다. 봉우리 좌우에 같은 컬러 4개 점으로 산의 윤곽을 표현하였다.

그림 2는 그림 1에서 사용한 몬테칼로 모의시행 과정을 400회 반복한 결과이다. 이 때, 뒤의 산봉우리가 앞의 산봉우리를 막을 수 없도록 뒤의 산봉우리를 먼저 플롯하고 그 위에 앞의 산봉우리를 겹쳐 플롯하였다.

그림 1과 그림 2는 사용자 정의 함수 `mountain( )`으로 만든 것이다. 이 함수의 3개 인수는 `col.1`, `prob.1`, `n`이다. `col.1`은 소수 산봉우리를 칠할 컬러이고 `prob.1`은 소수 산봉우리의 비율이다. 그림 1과 그림 2에서 `col.1`은 "`grey`"로, `prob.1`은 0.3으로 설정되었다. `n`은 산봉우리의 수이다. 그림 1과 그림 2에서 `n`은 각각 10과 400으로 설정되었다. 실험적으로 `col.1`에 "`red3`"를, `prob.1`에 0.3을, `n`에 400을 넣어 R 스크립트를 실행해 보라.

몬테칼로 모의시행: R의 `runif(n,a,b)` 함수는 균일분포 uniform(a,b)에서 n 개의 임의 수(random numbers)를 생성해낸다. 앞의 함수 `mountain( )`에서 바로 이것이 쓰였다. 임의 수 생성기는 초기 값에 전적으로 의존한다. 따라서 2개 그림이 컬러만 다르게 나타나도록 만들려면 초기 값을 지정하고 사용자 정의 함수 `mountain( )`을 실행하여야 한다. R에서 초기 값은 `set.seed(k)` 함수에서 고정시킬 수 있다.

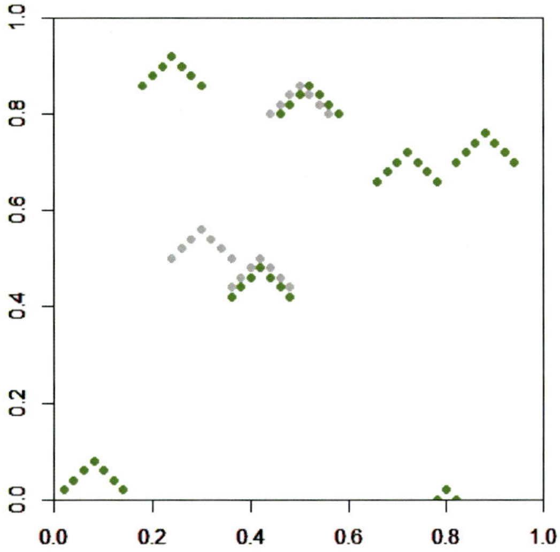

그림 1. 백두대간의 10개 산봉우리

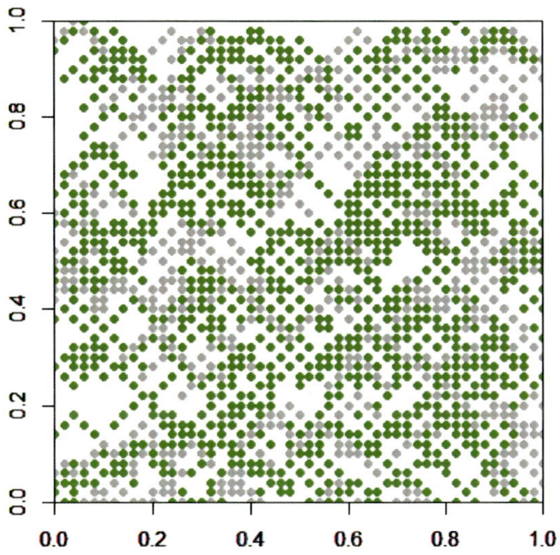

그림 2. 백두대간의 400개 산봉우리

R 스크립트: simulated mountains.r

```
mountain <- function(col.1, prob.1, n){
   cex <- 1.5
   eps <- 0.02
   windows(height=8.9,width=8)
   plot(c(0,1),c(0,1),type="n",xlab="",ylab="",main="",
        axes=T, xaxs="i", yaxs="i")
   vec.y <- sort(runif(n,0,0.5))

   for (i in n:1) {
      color <- sample(c(col.1,"forestgreen"), 1,
            prob=c(prob.1, 1-prob.1))
      x.1 <- round(runif(1,0,0.5),2)*2; y.1 <- round(vec.y[i],2)*2
      par(new=T)
      plot(x.1,y.1,pch=20,cex=cex,col=color,axes=T,xlab="",
          ylab="",xlim=c(0,1),ylim=c(0,1), xaxs="i", yaxs="i")
      x.2 <- c(x.1-eps,x.1+eps); y.2 <- c(y.1-1*eps, y.1-1*eps)
      par(new=T)
      plot(x.2,y.2,pch=20,axes=T,cex=cex,col=color,xlab="",ylab="",
           xlim=c(0,1),ylim=c(0,1), xaxs="i", yaxs="i")
      x.3 <- c(x.1-2*eps,x.1+2*eps); y.3 <- rep(y.1-2*eps,2)
      par(new=T)
      plot(x.3,y.3,pch=20,axes=T,cex=cex,col=color,xlab="",ylab="",
           xlim=c(0,1),ylim=c(0,1), xaxs="i", yaxs="i")
      x.4 <- c(x.1-3*eps,x.1+3*eps); y.4 <- rep(y.1-3*eps,2)
      par(new=T)
      plot(x.4,y.4,pch=20,axes=T,cex=cex,col=color,xlab="",ylab="",
           xlim=c(0,1),ylim=c(0,1), xaxs="i", yaxs="i")
   }
}

# set.seed(1234567)
mountain("gray", 0.3, 400)
# mountain("red3", 0.3, 400)
```

16. 매개변수 곡선 parametric curves

개요: 평면 스크린에 아름다운 궤적(trace)을 남기는 매개변수 곡선(parametric curves)을 R로 구현해본다.

보기: 수학적으로 매개변수 곡선은 $(f_x(t), f_y(t)), 0 \leqq t \leqq T$로 정의된다. x 좌표의 $f_x(t)$와 y 좌표의 $f_y(t)$가 t의 연속함수이면 궤적도 연속이다. 다음은 고등학교 수학 수준에서 다루어지는 전형적인 예이다.

$$f_x(t) = \cos(\frac{2\pi}{360}t + \frac{\pi}{2}),\ f_y(t) = \sin(\frac{2\pi}{360}t + \frac{\pi}{2}),\quad 0 \leqq t \leqq 360.$$

이 매개변수 곡선은 $(0, 1)$에서 시작하여 중심이 원점이고 반경이 1인 원의 둘레를 한 바퀴 돈다.

그림 1은 2개의 매개변수 곡선 $(r_x(t), r_y(t))$와 $(s_x(t), s_y(t))$의 궤적이다.

$$r_x(t) = f_x(t) + \frac{1}{2}\cos(\frac{2\pi}{360}5t + \frac{\pi}{2}),\ r_y(t) = f_y(t) + \frac{1}{2}\sin(\frac{2\pi}{360}5t + \frac{\pi}{2}).$$

$$s_x(t) = f_x(t) + \frac{1}{4}\cos(\frac{2\pi}{360}5t + \frac{\pi}{2}),\ s_y(t) = f_y(t) + \frac{1}{4}\sin(\frac{2\pi}{360}5t + \frac{\pi}{2}).$$

그림의 제목을 'Two Monocycles'로 잡은 이유는 모노사이클리스트 2인 안무의 구상이기 때문이다.

그림 2는 다음 매개변수 곡선 2개의 궤적이다 $(0 \leqq t \leqq 360)$.

$$r_x(t) = f_x(t) + \frac{1}{2}\cos(\frac{2\pi}{360}6t + \frac{\pi}{2}),\ r_y(t) = f_y(t) + \frac{1}{2}\sin(\frac{2\pi}{360}6t + \frac{\pi}{2}).$$

$$s_x(t) = f_x(t) + \frac{1}{4}\cos(\frac{2\pi}{360}36t + \frac{\pi}{2}),\ s_y(t) = f_y(t) + \frac{1}{4}\sin(\frac{2\pi}{360}36t + \frac{\pi}{2}).$$

이 절에 첨부된 R 스크립트를 실행하면 궤적이 움직이는 그림으로 나타난다. 실제 곡선의 좌표 점은 t의 360개 시점에서 계산되며 좌표 점 사이는 보간 된다. 계산을 늦추기 위하여 `Sys.sleep( )` 함수를 사용하였다.

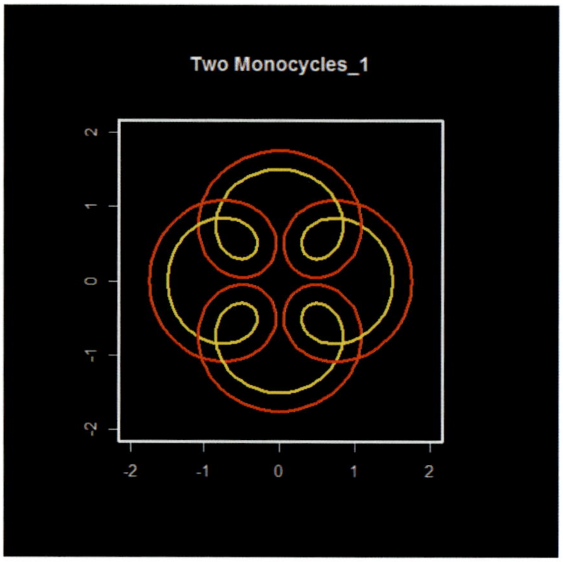

그림 1. 2인의 모노사이클리스트 1

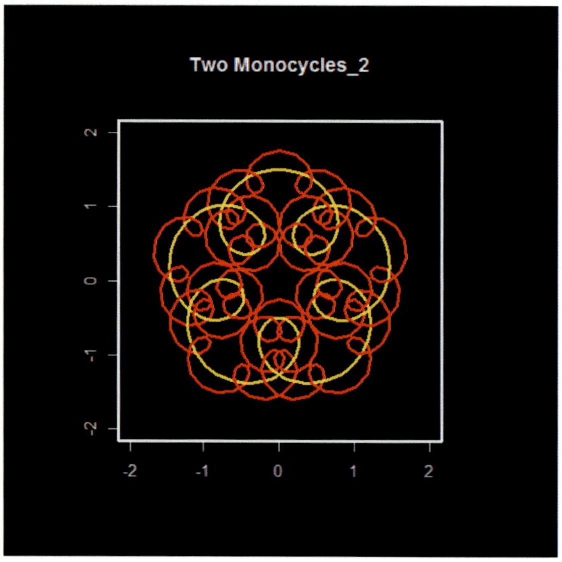

그림 2. 2인의 모노사이클리스트 2

R 스크립트: monocycles_1.r

```
windows(width=7,height=7)
par(mar=rep(6,4),bg="black",col.axis="white",
     col.lab="white",fg="white",lwd=3)

sec <- 0.1
plot(c(-2,2),c(-2,2),type="n",xlab="",ylab="",
     main="Two Monocycles_1",col.main="white")
r <- 0
n <- 360

xf.1 <- 0; yf.1 <- 1
xr.1 <- 0; yr.1 <- 1.5
xs.1 <- 0; ys.1 <- 1.75
for (time in 1:n){
  xf <- cos(time/360*2*pi+pi/2)
  yf <- sin(time/360*2*pi+pi/2)
  xr <- xf+0.5*cos(5*time/360*2*pi+pi/2)
  yr <- yf+0.5*sin(5*time/360*2*pi+pi/2)
  xs <- xr+0.25*cos(5*time/360*2*pi+pi/2)
  ys <- yr+0.25*sin(5*time/360*2*pi+pi/2)
  segments(xr.1,yr.1,xr,yr,col="yellow")
  segments(xs.1,ys.1,xs,ys,col="red")
  xr.1 <- xr; yr.1 <- yr
  xs.1 <- xs; ys.1 <- ys
  Sys.sleep(sec)
}
```

R 스크립트: monocycles_2.r [별첨 파일 참조]

17. 영역 그림 area chart

개요: 영역 그림(area chart)은 2개 이상의 시계열을 누적 꺾은 선들로 표현하며 그 사이를 컬러로 채운 일종의 콜라주이다.

보기: 시계열이 여러 개인 경우라고 하더라도 꺾은 선 그림을 겹쳐 그림으로써 각 계열의 추세를 파악할 수 있다. 물론 수직 축의 범위를 공통 구간으로 해야 한다. 한 사례를 보자.

그림 1은 송유관 재질 3종 ("cast iron", "plastic," "steel")의 연도 추이를 나타낸 다중 꺾은 선 그림이다 (단위: million mile). 1) "cast iron"은 점유율이 적고 다소 하향하며 2) "plastic"은 상승세이고 "steel"은 정체 상태로서 3) "plastic"이 "steel"을 추월하였음을 볼 수 있다.

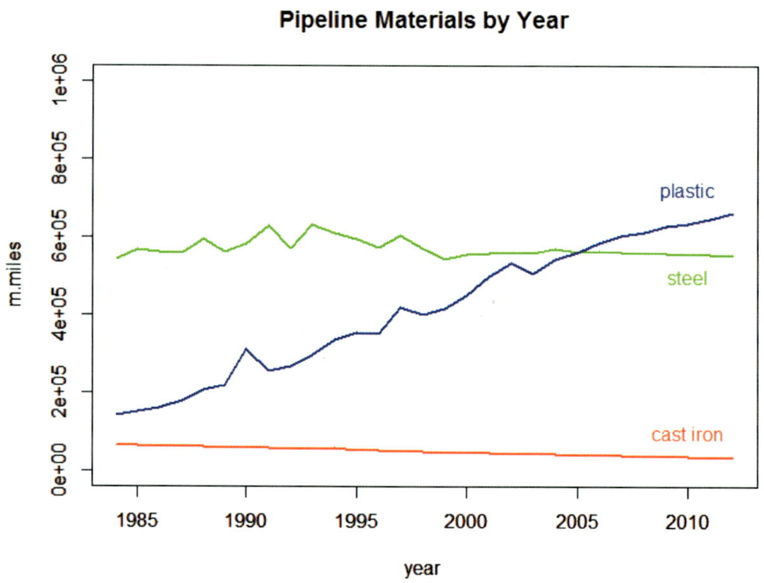

그림 1. 파이프라인 재질의 변화: 꺾은 선 그래프

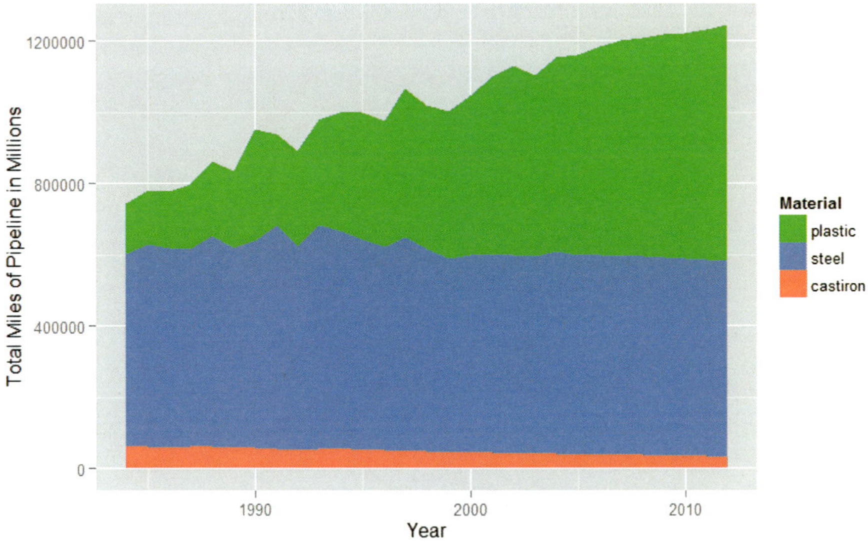

그림 2a. 파이프라인 재질의 변화: 영역 도표 A

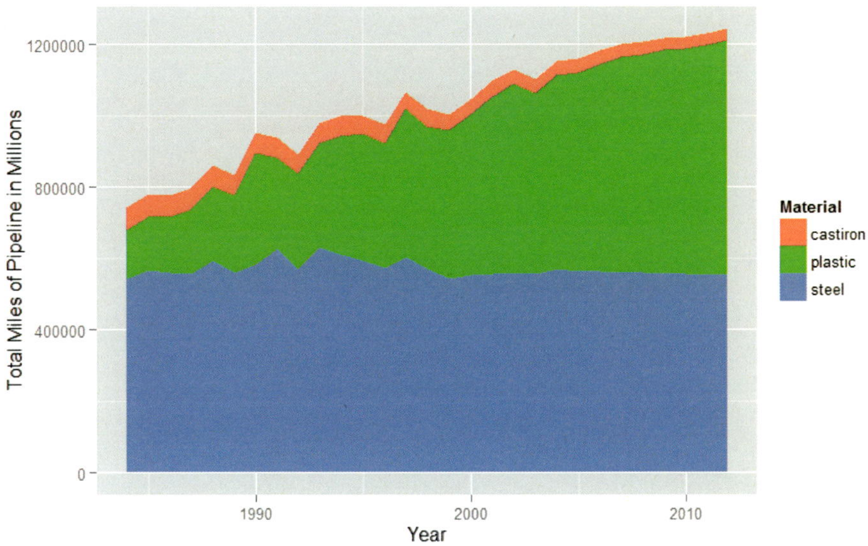

그림 2b. 파이프라인 재질의 변화: 영역 도표 B

그림 2a가 이 자료에 대한 영역 그림(area chart) A이다. 이 그림은 "cast iron", "cast iron"+"steel", "cast iron"+"steel"+"plastic"의 꺾은 선을 겹쳐 그리고 그 사이를 컬러로 채운 그림이다. 영역 그림은 일종의 콜라주(= 색종이를 오려 붙인 그림)로서 미적 가치가 있다.

영역 그림은 꺾은 선의 누적 순서에 따라 달라진다. 그림 2b의 영역 그림 B는 "steel", "steel"+"plastic", "steel"+"plastic"+"cast iron"의 순서로 꺾은 선을 겹쳐 얻은 것이다. 두 그림은 결국 마찬가지이지만 다른 느낌을 준다. 그림 B가 더 나아 보인다 ("steel"의 추이를 쉽게 파악할 수 있다).

방법: R에서 영역 그림을 만드는 방법은 다소 까다롭다. 이하, `ggplot2` 팩키지의 `ggplot( )` 함수의 활용 방법을 설명하기로 한다.

원 데이터세트가 $(\boldsymbol{y}_1, \boldsymbol{y}_2, \boldsymbol{y}_3, \cdots)$의 형태인 경우 이것을 'stacked form'으로 만드는 사전 작업이 필요하다. 여기서 $\boldsymbol{y}_1, \boldsymbol{y}_2, \boldsymbol{y}_3, \cdots$ 는 각각 길이 n의 벡터이고 (n은 시점 수) 'stacked form'이란 자료 형태가

$$\begin{pmatrix} \boldsymbol{y}_1 & \boldsymbol{v}_1 \\ \boldsymbol{y}_2 & \boldsymbol{v}_2 \\ \boldsymbol{y}_3 & \boldsymbol{v}_3 \\ \vdots & \end{pmatrix}, \quad \text{여기서 } \boldsymbol{v}_1, \boldsymbol{v}_2, \boldsymbol{v}_3 \cdots \text{ 은 계열변수를 이름} \tag{1}$$

임을 일컫는다. `reshape` 팩키지의 `reshape( )` 함수가 이런 일을 한다.

영역 그림은 `ggplot2` 팩키지의 `ggplot( )` 함수와 `geom_area( )` 함수를 결합하여 작성한다.[1] 이것의 기본 형태는

```
  ggplot(data, aes(x=time, y=y, fill=v))
+ geom_area(position = 'stack')
```

이다. 여기서 `y`는 계열 변수의 자료값이고 `v`는 계열수의 변수명이다. 다시 말하자면, `y`와 `v`는 (1)에 제시된 행렬에서 2개 열이다. `aes`는 그래프의 미적 속성(aesthetic attribute)을 지정하는 인수이고 `geom_area`는 기하적 객체(geometric object)를 지정하는 인수이다.

---

1) `ggplot2`는 체계성과 효율성이 뛰어난 그래픽 팩키지로 정평이 있다. 그러나 어렵다.

R 스크립트: area chart pipelines.r [2)]

```
library(reshape)
library(ggplot2)
conn <- read.table("conn.txt", header=T)
str(conn)

# reshaping
data <- reshape(conn, varying = c("castiron","steel","plastic"),
              v.names = "mmiles", timevar = "material",
              times = c("castiron", "steel", "plastic"),
              direction = "long")
data <- subset(data, select = -c(id))
str(data)

# area chart Fig.2a
graph <- ggplot(data, aes(x = year, y = mmiles, fill = material)) +
        geom_area(position = 'stack') +
        labs(x = "Year", y = "Total Miles of Pipeline in Millions") +
        scale_fill_discrete(name = "Material",
           breaks = c("plastic", "steel","castiron"),
           labels = c( "plastic", "steel", "castiron"))
windows(height=5, width=8)
plot(graph)

# area chart Fig.2b
data.1 <- data[ c(30:87,1:29),]
graph.1 <- ggplot(data.1, aes(x = year,y = mmiles,fill = material)) +
        geom_area(position = 'stack') +
        labs(x = "Year", y = "Total Miles of Pipeline in Millions") +
        scale_fill_discrete(name = "Material",
           breaks = c("castiron", "plastic", "steel"),
           labels = c("castiron", "plastic", "steel"))
windows(height=5, width=8)
plot(graph.1)
```

2) Modified from the r codes by Nicole White, 2013.
http://nicolemargaretwhite.blogspot.kr

18. 버블 차트 bubble chart

개요: 통상적인 산점도는 2개의 연속형 변수 간 관계를 보여줄 뿐이다. 버블 차트는 산점도에 제3의 변수를 크기에 비례하는 버블(원)으로 표현한 그림이다.

보기: 그림 1은 실업률(남자 35-39세) U2와 범죄율 y 간 관계를 보여주는 버블 차트이다 (R `MASS` 팩키지의 `UScrime` 자료, 1960년도의 미국 47개 주별 요약 통계). 그림에서 원의 넓이가 Pop(인구)의 크기를 나타내도록 원의 반경이 Pop의 제곱근(sqrt)에 비례하게 잡혔다. 즉, 이 사례에서는 인구가 제3의 변수이다. 버블 중심의 숫자는 개체 번호이다. 대체로 3개 변수가 양의 상관 관계에 있음을 알 수 있다.

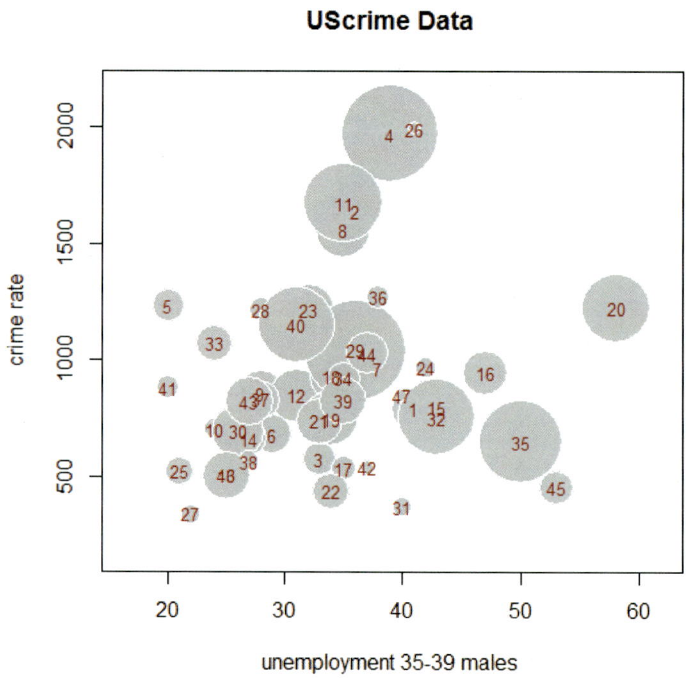

그림 1. 실업률과 범죄율 간 관계 (원의 크기 = 인구)

두 변수 간 산점도에 제3 변수와 제4 변수를 동시에 넣는 것도 가능하다. 제3의 변수를 버블의 크기로 반영하고 제4의 변수를 버블의 컬러로 표현하면 그렇게 된다. 그림 3은 인구(Pop)가 원의 크기로, GDP가 개체 점의 컬러로 반영된 실업률(남자 35-39세) U2와 범죄율 y 간 산점도이다.

방법: 그림 1과 그림 2의 버블 차트는 R graphics 팩키지의 `symbols( )` 함수로 만든 것이다. 인수 `circles`에 제3 변수의 제곱근(sqrt)을 넣고 인수 `inches`에, 버블의 크기가 너무 크거나 너무 작지 않도록, 적당한 값을 지정 한다. 다소의 시행착오가 필요하다.

그림 4에서는 `RColorBrewer` 팩키지의 `brewer.pal(9,"Blues")` 컬러를 썼다. 이 컬러 계열은 9개 범주로 구성되므로 컬러에 투입될 제4 변수 GDP를 사전에 이산화 하였다 (1과 9 사이의 값을 갖도록).

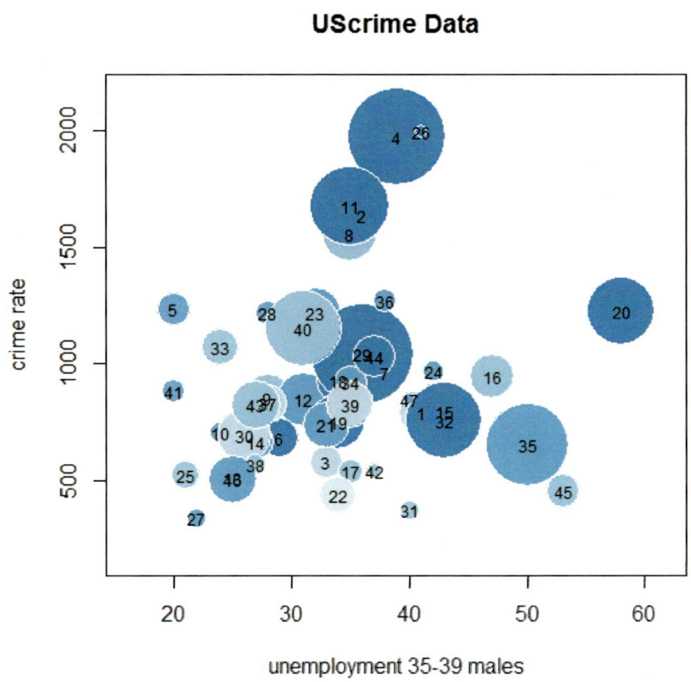

그림 2. 실업률과 범죄율 간 관계 (버블 크기 = Pop, 버블 컬러 = GDP)

R 스크립트: bubbles USCrime.r

```
# bubble chart with UScrime data
library(MASS)
data(UScrime)
str(UScrime)
attach(UScrime)

radius <- sqrt(Pop)
symbols(U2, y, circles=radius, inches=0.4, fg="white",
    bg="lightgray", lwd=1.5,
    xlab="unemployment 35-39 males", ylab="crime rate",
    main="UScrime Data")
text(U2, y, 1:nrow(UScrime), cex=0.8, col="brown")

hist(GDP)
GDP.1 <- floor(GDP/100); table(GDP.1)

x11(); library(RColorBrewer)
color <- brewer.pal(9,"Blues")
symbols(U2, y, circles=radius, inches=0.4, fg="white",
    bg=color[ GDP.1] , lwd=1.5,
    xlab="unemployment 35-39 males", ylab="crime rate",
    main="UScrime Data")
text(U2, y, 1:nrow(UScrime), cex=0.75, col="black")
```

19. 상자그림 box plot

개요: 상자그림(box plot)은 일변량 연속형 자료를 상자와 줄, 그리고 점으로 표현한 그림이다. 총 자료가 여러 개의 자료 묶음(data batch)으로 구성되어 있는 경우 묶음 간 비교에 있어 시각적 효과가 탁월하다.

보기: 그림 1은 우리나라 18대 국회의원 245개 선거구의 선거인 수를 나타낸 상자그림이다. 상자그림에서 상자의 중앙선은 자료 분포의 중간값(median)을 나타내고, 상자의 아래・위 모서리는 下사분위수(lower quartile, Q1)와 上사분위수(upper quartile, Q3)를 나타낸다. 상자에 연결된 줄의 양 끝은 특이점(outlier)이 아닌 자료 값들의 최소값과 최대값에 위치한다. 특이점은 (있는 경우) 줄의 양 끝 바깥에 동그란 점으로 찍힌다 (그림 1에서는 특이점이 없다). 특이점의 판정 기준점은 정규분포에서 위・아래 꼬리 0.35% 분위수이다 (정규분포에서 특이점으로 판정되는 자료 점의 비율은 1% 미만, 정확하게는 0.7%이다). 그림 1에서 최대값은 최소값의 2.8배이고 Q3는 Q1의 1.4 배이다. 그만큼 선거구 간 불균형도가 크다는 것을 의미한다.

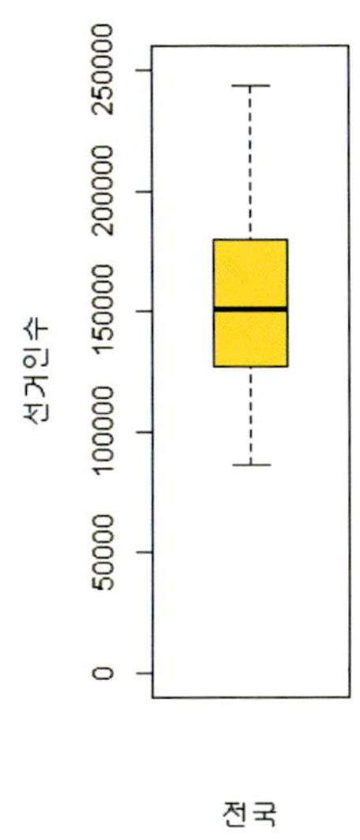

그림 1. 18대 국회의원 245개 선거구의 선거인수

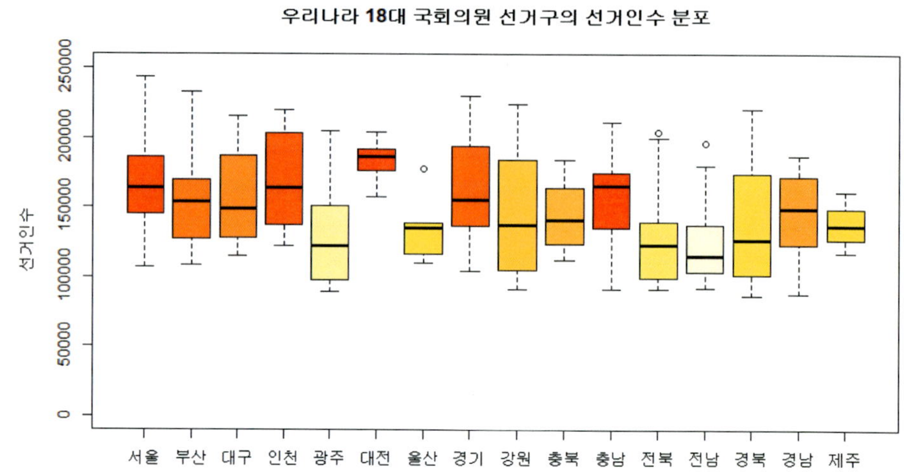

그림 2. 18대 국회의원 선거구의 선거인수: 광역시 · 도 간 비교

상자그림은 총 자료가 여러 개의 자료 묶음(data batch)으로 구성되어 있는 경우 묶음 간 비교에 있어 시각적 효과가 탁월하다. 그림 2를 보라. 18대 국회의원 선거구의 선거인 수를 광역시 · 도에 걸쳐 비교한 것인데, 대전이 가장 크고 전남이 가장 작게 나타나 있다 (대전 중간값이 전남 중간값의 1.6배이다).[1] 그림 2에서 울산, 전북, 전남의 선거구에서 특이점이 1개씩 발견 된다 (점으로 표시되어 있다).

방법: 그림 1과 같은 1개의 상자그림은 **boxplot(x)**로, 그림 2와 같은 여러 개 상자그림의 병렬 배치는 **boxplot(x ~ grp)**로 만든다. 여기서 **x**는 연속형의 자료 값 벡터이고 **grp**는 자료 묶음(data batch)을 나타내는 범주형 변수이다. **boxplot( )**의 출력 오브젝트에는 **stats**가 있는데 이것에 자료 벡터 **x**의 5개 요약 값 (비특이값 중 최소값, Q1, 중간값, Q3, 비특이값 중 최대값)이 담긴다.

1) 중간값의 역 순위로 시 · 도의 상자에 heat.colors 색을 칠하였다. 중간값이 가장 큰 대전이 진한 붉은 색으로, 중간값이 가장 작은 전남이 희뿌연 노란 색이다.

R 스크립트: boxplot electorate.r

```
electorate <- read.csv("국회의원 선거구 유권자 수.csv", header=T)
str(electorate); attach(electorate)
summary(선거인.수)
windows(height=6, width=2.5)
boxplot(선거인.수, col="yellow", ylim=c(0,250000), xlab="전국",
     ylab="선거인수")

시도.순서 <- reorder(시도,시도번호)
bp <- boxplot(선거인.수~시도.순서)
order <- rank(-bp$stats[ 3,] )

windows(height=6, width=10)
boxplot(선거인.수~시도.순서, col=heat.colors(16)[ order] ,
     ylim=c(0,250000), ylab="선거인수",
     main="우리나라 18대 국회의원 선거구의 선거인수 분포")
```

20. 단어 클라우드 word cloud

개요: 단어 클라우드(word cloud)는 한 텍스트에 출현하는 단어가 빈도에 비례하는 크기로 표출된 그래프이다. 텍스트 내 명사(noun)들로 구성된 단어 클라우드는 잠재적 독자에게 경제적이고 효과적인 요약을 제공한다.

보기: 그림 1은 “e-메일의 기본 격(格)”(200자 원고지 9매 분량)으로부터 나온 단어 클라우드이다. ‘메일’, ‘학생’, ‘교수’ 등이 큰 글자로 중앙에 나타나 있는데, 이는 텍스트에서 이들이 핵심 키워드임을 의미한다. 다음으로 빈도가 큰 단어들이 중심 부근에 어우러져 있다 (학점, 질문, 나).

그림 2도 같은 텍스트의 단어 클라우드이다. 단어의 수직 방향 배열의 비율이 그림 1에서는 25%로 설정되었고 그림 2에서는 10%로 설정되었다는 점만 다르다.

그림 1. 단어 클라우드: e메일의 기본 격 (가로 비율 25%)

절차: 예제 사례 "e-메일의 기본 격(格)"에 맞춰 단어 클라우드 제작에 필요한 작업을 한 단계씩 설명해나가기로 한다. 첫 작업은 한글 텍스트를 읽고 그 가운데 명사만을 추출하는 일이다. 이를 위한 R 스크립트는 다음과 같다.

```
library(KoNLP)
f <- file("e-mail-essay.txt",blocking=F)
txtLines <- readLines(f)
nouns <- sapply(txtLines,extractNoun,USE.NAMES=F)
head(unlist(nouns), 20)
write(unlist(nouns),"e-mail-essay-nouns-1.txt")
```

설명: `KoNLP`는 한국어의 형태소 분석을 위한 R 패키지이다 (저자 전희원). 텍스트 자료 `"e-mail-essay.txt"`에서를 읽어 리스트한 다음 그 중에서 명사만 골라 추출하고 (`extractNoun`) 그 결과를 외부로 빼낸다. 그런데 파일을 검토해보면 실제로 명사가 아닌 것들이 섞여 있기가 쉽다. 따라서 수작업 검토와 정제가 필요하다. 편집 과정은 R의 밖에서 수행된다.

그림 2. 단어 클라우드: e메일의 기본 격 (가로 비율 10%)

```
revised <- read.table("e-mail-essay-nouns-2.txt")
nrow(revised)
wordcount <- table(revised)
length(wordcount)
sort(wordcount, decreasing=T)
```

설명: 편집된 명사 리스트 파일 "e-mail-essay-nouns-2.txt"가 몇 줄인가를 세어본다. 이 사례에서 그 개수는 245개로 나타난다. 그것에 대한 빈도표 wordcount를 만들어 길이(length)를 확인해보면 133이다. 이것은 자료 텍스트에 133 종의 명사가 총 245회 출현하였음을 의미한다. 그것을 빈도가 작아지는 순서로 살펴보자. 결과는 다음과 같다.

메일	학생	교수	나	질문	학점	경우	고려	과목	교내	…
30	12	7	5	5	5	4	4	4	4	…

이제 단어 클라우드를 만들 차례이다. wordcloud 팩키지가 필요하다.

```
library(wordcloud)
library(RColorBrewer)
pal <- brewer.pal(9,"Set1")
wordcloud(names(wordcount),freq=wordcount,
     scale=c(5,1),rot.per=0.25,min.freq=1,
     random.order=F,random.color=T,colors=pal)
```

설명: 위 스크립트의 실행 결과가 그림 1이다. 수직방향으로 회전되어 배열되는 단어들의 비율 rot.per을 0.25로 하고 컬러를 RColorBrewer 팩키지의 "Set1"로 한다. random.color=T로 두면 스크립트의 실행 시마다 클라우드 내 단어들이 다른 컬러로 나타난다. 분석 텍스트가 큰 규모인 경우에는 일정 빈도 이상의 단어만 클라우드에 담기도록 min.freq를 조정할 수 있다. scale의 두 값은 글자 크기의 최대와 최소를 지칭한다. random.order=F는 빈도가 큰 단어를 중앙에 넣는다.

그림 2는 wordcloud( )에서 rot.per을 0.10으로 조정한 결과이다. 이상의 R 스크립트는 wordcloud_kor.r에 들어 있다.

21. R의 컬러　r colors

개론: `colors( )`는 R의 컬러에 어떤 것이 있는가를 보여준다. 이 함수를 R 콘솔에 넣으면 총 657개의 색깔 이름이 나타난다.

```
> colors()
[ 1] "white"           "aliceblue"      "antiquewhite"
[ 4] "antiquewhite1"  "antiquewhite2" "antiquewhite3"
 ⋮
[ 652] "yellow"        "yellow1"        "yellow2"
[ 655] "yellow3"       "yellow4"        "yellowgreen"
```

R의 컬러 코드는 R(red), G(green), B(blue)의 두 자리 16진법 수로 구성되어 있다. 예컨대 赤 `"red"`, 綠 `"green"`, 靑 `"blue"`의 코드는 각각[1)]

`#FF0000,  #00FF00,  #0000FF.`

이다. 따라서 가능한 R 컬러는 총 256^3 (= 16,777,216) 개이다 ($256 = 16^2$).

그림 1은 RGB 체계를 개념도로 보인 것이다. 이 개념도에서 컬러 코드의 R(red) 부분이 제1축에, G(green) 부분이 제2축에, B(blue) 부분이 제3축에 놓여졌고 각 축의 두 자리 수는 0부터 1로 척도화 되어있다. 이에 따라 赤 `"red"`는 (1,0,0)에, 綠 `"green"`는 (0,1,0)에, 靑 `"blue"`는 (0,0,1)에 위치한다. 그림 1의 정육면체에서 (1,0,0), (0,1,0), (0,0,1) 외 5개 꼭지점 (0,0,0), (1,1,1), (0,1,1), (1,0,1), (1,1,0)에 배치된 컬러는 다음과 같다.

(0,0,0) `"black"`,　(1,1,1) `"white"`,
(0,1,1) `"cyan"`,　(1,0,1) `"magenta"`,
(1,1,0) `"yellow"`.

---

1) 10진법(decimal) 수 10, 11, 12, 13, 14, 15의 16진법(hexa) 코드는 A, B, C, D, E, F이다. 16진법 수 00의 10진법 수는 0이고 16진법 수 FF의 10진법 수는 255이다.

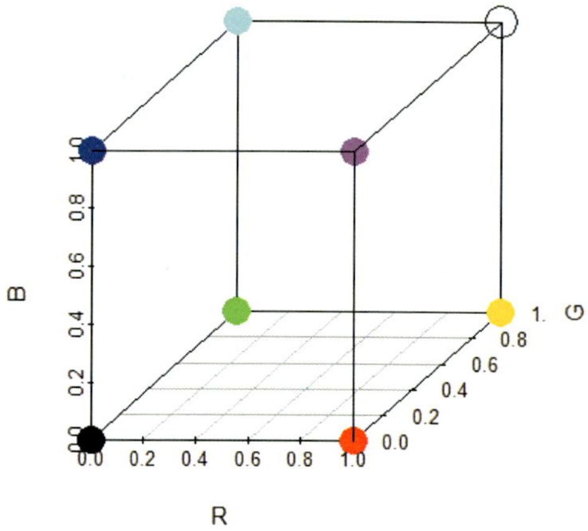

그림 1. RGB 컬러 정육면체

이들 8개 꼭지점 컬러를 다음과 같이 확인해볼 수 있다.

```
> color.1 <- c("#000000","#FF0000","#00FF00","#0000FF")
> color.2 <- c("#00FFFF","#FF00FF","#FFFF00","#FFFFFF")
> windows(height=4, width=5)
> par(mar=rep(3,4), mfrow=c(2,1))
> barplot(rep(1,4), col=color.1, axes=F, main="black, ... blue")
> barplot(rep(1,4), col=color.2, axes=F, main="cyan, ... white")
```

출력:

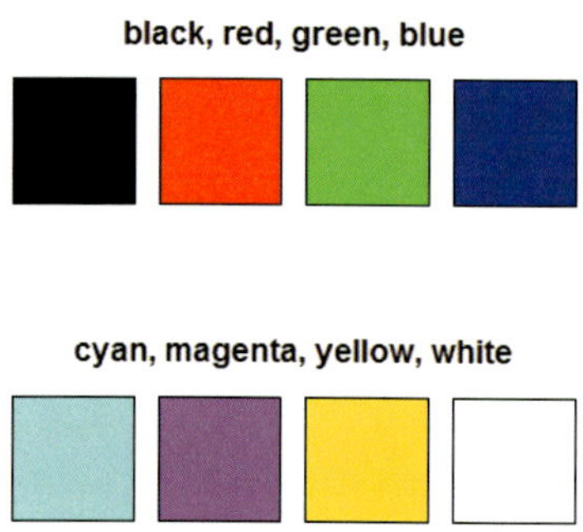

방법: 실제 응용에서는 R의 컬러 함수들을 활용하는 것이 편리하다. 여기서는 그 중에서 두 가지를 소개한다.

R 함수 `colorRampPalette( )`는 인수에 투입된 컬러 2개를 잇는 일련의 스펙트럼 컬러를 산출한다. 아래 스크립트는 `"white"`에서 `"black"`으로의 7개 색과 `"red"`에서 `"green"`으로의 7개 색을 차례로 제공한다.

```
> pal.1 <- colorRampPalette(c("white", "black"))
> color.1 <- pal.1(7)
> pal.2 <- colorRampPalette(c("red", "green"))
> color.2 <- pal.2(7)
> windows(height=4, width=7)
> par(mar=rep(3,4), mfrow=c(2,1))
> barplot(rep(1, length(color.1)), col=color.1, axes=F,
    main="from white to black")
> barplot(rep(1, length(color.2)), col=color.2, axes=F,
    main="from red to green")
```

출력:

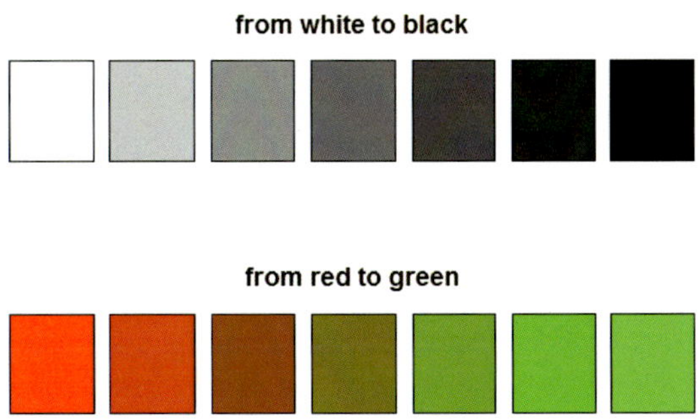

R 함수 `rainbow( )`, `heat.colors( )`, `terrain.colors( )`, `topo. colors( )`, `cm.colors( )`는 사전 정의된 일련의 컬러 스펙트럼을 제공한다.[2] 다음을 보라. 종류별로 7개 스펙트럼 컬러를 보여준다.

---

2) `alpha`는 투명도(transparency)를 조정하는 파라미터이다. 0 (=투명)부터 1 (=불투명) 사이의 값을 취한다.

```
> windows(height=9, width=6)
> par(mar=rep(3,4), mfrow=c(5,1))
> n <- 7
> barplot(rep(1,n),col=rainbow(n,alpha=1),axes=F,...)
> barplot(rep(1,n),col=heat.colors(n,alpha=1),axes=F,...)
> barplot(rep(1,n),col=terrain.colors(n,alpha=1),axes=F,..)
> barplot(rep(1,n),col=topo.colors(n,alpha=1),axes=F,...)
> barplot(rep(1,n),col=cm.colors(n,alpha=1),axes=F,...)
```

출력:

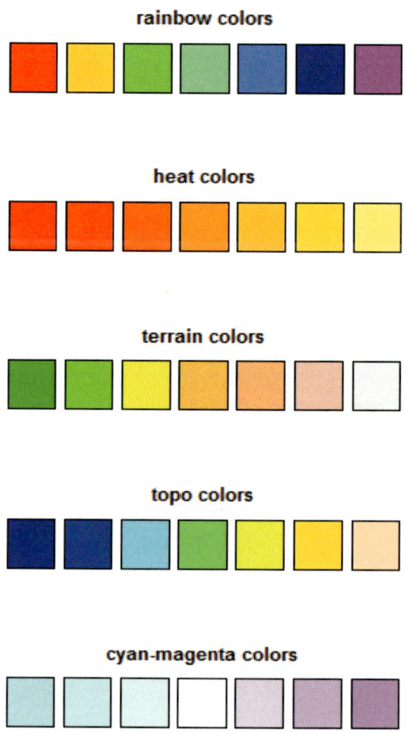

투명 색: R은 각 RGB 컬러에 대하여 투명 버전의 컬러도 제공한다. 불투명도는 0과 1 사이의 값을 취하는 alpha로 지칭된다 (alpha가 0에 가까울수록 색의 투명도가 큼을 나타낸다. alpha=1은 불투명 색을 지칭한다). 투명 컬러는 6개의 hexa 코드에 2개의 hexa 코드를 붙여서 표현한다. 예컨대 투명한 청색은 `"#0000FFxx"`이다 (xx는 00부터 FF까지의 hexa 코드).

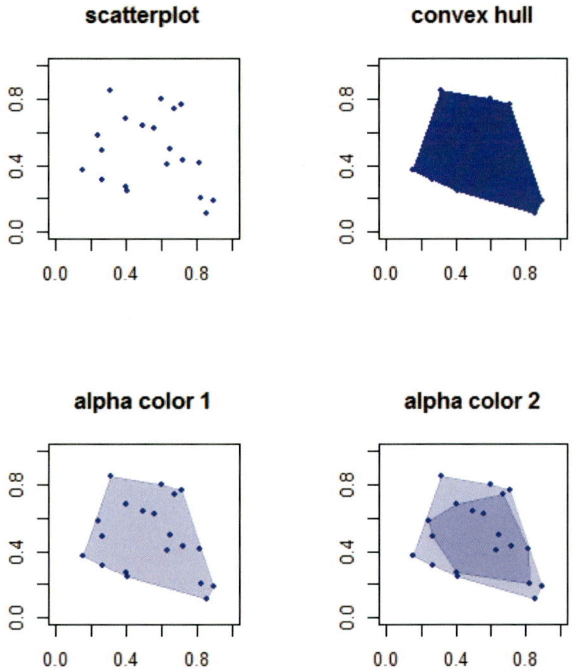

그림 2. 볼록 울타리(convex hull)의 표현

투명 색을 이변량 자료의 산점도에서 볼록 울타리(convex hull)를 시각화하는 데 응용해보자. 그림 2의 왼쪽 위 그림이 주어진 자료의 산점도이다. 오른쪽 위 그림은 이 자료에 대한 볼록 울타리인데 다각형의 내부를 컬러 `"blue"`, 즉 `"#0000FF"`로 채우다보니 울타리 내 자료 점들이 모두 마스킹 되는 결과가 되었다. 왼쪽 아래 그림은 볼록 울타리의 내부를 투명한 청색 `"#0000FF33"`으로 채운 결과를 보여준다. 울타리 내 자료 점들이 모두 보인다. 오른쪽 아래 그림은 앞 그림의 볼록 울타리와 그 울타리 내부의 볼록 울타리를 보여준다. 이중 울타리의 내부는 `"#0000FF33"`이 두 번 칠해지므로 색이 진하게 되었다.

이 절에서 쓰인 R 스크립트는 첨부파일 “r colors.r”에 수록되어 있다.

22. 시도표 time plot

개요: 시도표(時圖表, time plot)는 시계열(time series) 자료의 플롯이다. 시도표의 여러 유형을 보이고 비교한다. 스플라인 보간 버전의 활용을 제안한다.

보기: 다음과 같이 길이 $n(=25)$의 시계열을 모의 생성하였다.

```
> set.seed(123); n <- 25
> y <- rnorm(n,5,1)
```

다음 네 그림은 각각 "p" 타입, "l" 타입, "o" 타입, "s" 타입 시도표이다.

```
> plot(y, type="p", xlab="time", ylim=c(0,10), col="blue",
      lwd=2, main="time plot of 'p' type")
```

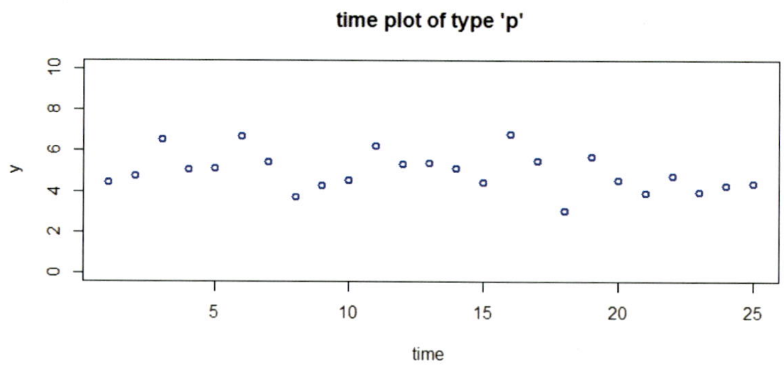

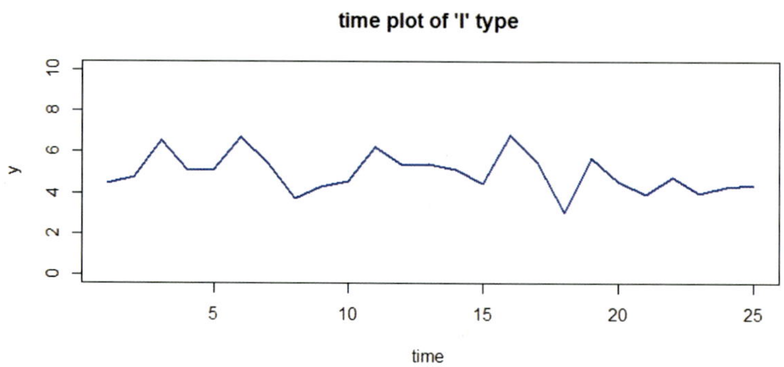

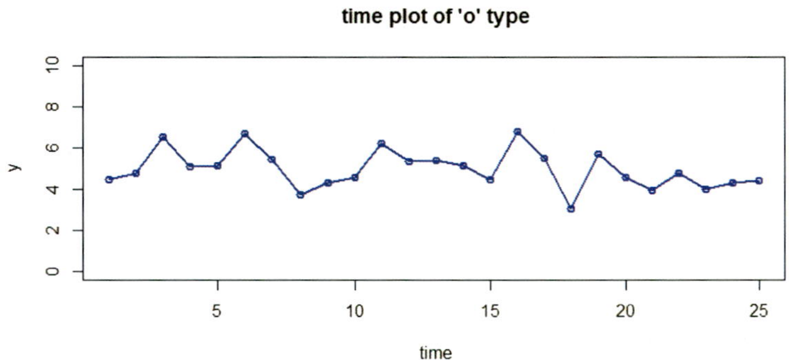

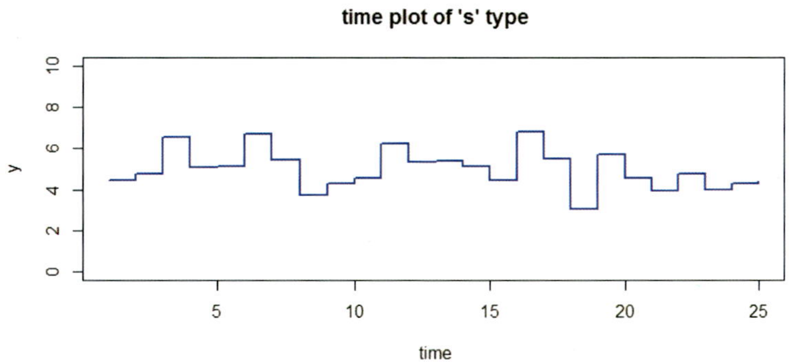

비교: "p" 타입 시도표는 시도표라기 보다는 산점도이다. "l" 타입 시도표가 시계열 플롯으로 가장 많이 쓰이는데, 이것은 뾰족뾰족한 봉우리와 골짜기가 눈에 거슬린다. "o" 타입 시도표가 "l" 타입 시도표 보다 낫다. "s" 타입은 대도시의 스카이라인이 연상된다 (멋지다). 아래는 '스플라인' 시도표이다.

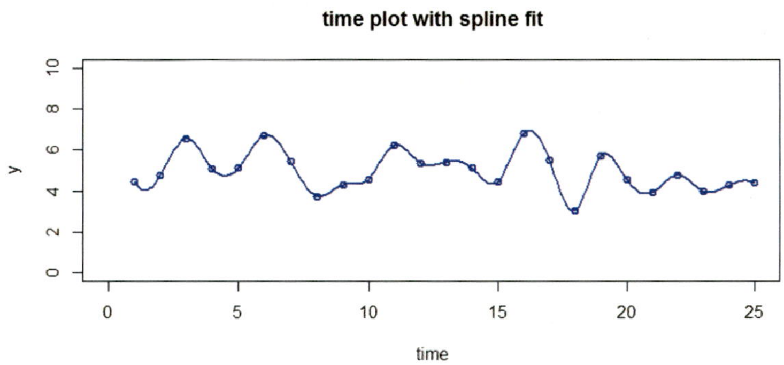

스플라인 보간: 앞의 시도표는 시계열 관측점 사이를 '스플라인'으로 적합한 것인데, 스플라인(spline)은 구간별로 3차 다항식이고 구간 경계에서 매끄럽게 이어지는 함수이다. 스플라인 보간 시도표는 부드러운 연결선이 특징으로 시계열의 관측점 수 n이 크지 않은 경우 효과가 뛰어나다.

스플라인 보간(interpolation)은 R에서 **`spline(x, y, number)`** 함수로 산출된다. 여기서 **`x`**는 관측시점이고 **`y`**는 시계열 값이다. 그리고 **`number`**는 전 時구간(time interval)에서 스플라인 값이 계산되는 마디(nodes)의 수이다 (n의 5배 이상이면 충분하다).

```
plot(y, type="p", xlab="time", ylim=c(0,10), xlim=c(0,n),
     col="blue", lwd=2, main="time plot with spline fit")
lines(spline(1:n, y, n*10), col="blue", lwd=2)
```

R 스크립트: timeplot.r [별첨 파일 참조]

23. 지나온 길 path plot

개요: 지나온 길(path plot)은 같은 기간에 관측된 2개의 시계열 간 연관성을 보여주는 데 효과적인 그림이다. 이 절에서는 `ggplot2` 팩키지를 활용하여 '지나온 길'을 그려본다.

보기: `ggplot2` 팩키지는 R 그래프의 모듈화·오브젝트화를 지향해 2005년 Hadley Wickham에 의해 만들어졌다. `ggplot2`의 신개념 그래픽스는 R base 그래픽스의 수작업 방식(pen-and-paper mode)과 대비되어 R의 수많은 고수(高手)들로부터 높은 평가를 받고 있다.[1)]

그림 1은 `economics` {`ggplot2`} 자료의 2개 시계열의 흐름을 보여 준다: 위 그림은 실업자 비율(=인구 대비 실업자의 비율)이고 아래 그림은 실업 기간(단위, 주)이다. 불경기와 호경기의 순환 반복이 있으나 주기와 진폭은 불확정적이다. 그러면 두 시계열은 어떤 관계에 있을까? 그림 2a가 두 변수 간 관계를 보여주는 산점도이다. 통상적인 산점도와는 달리 시점이 이웃하는 관측점들이 선으로 연결되어 있다.

그림 2a의 선-연결 산점도는 실업자 비율과 실업기간이 양의 상관관계에 있음을 보여준다. 그런데 그림 2a에서는 관측기간의 시작점과 끝점을 구분할 수 없다. 또한 다수의 교차점이 있어서 시간적 연속성을 놓치기 쉽다.

그림 2b는 그림 1의 문제점이 극복된 선-연결 산점도이다. 연결선에 연도(`year`)를 컬러로 넣은 것이다. 최근일수록 밝은 청색인데 이는 잉크가 마르지 않았음을 뜻함이리라. 최근은 과거에 비해 실업자 비율이 실업기간에 주는 영향이 더 탄력적임을, 즉 기울기가 큼을 그림 2b가 알려준다. 이런 사실은 그림 2a에서는 파악되기 어렵다.

---

1) 나는 `ggplot2`를 별로 좋아하지 않는다. 덜 익숙해서인지 아니면 이 팩키지가 고도로 구조화되어서인지 이유는 확실하지 않는다. 아무튼 내가 원하는 대로 만들기가 어렵다. 게다가 내 미감(美感)으로는 그래프 형태와 컬러가 예쁘지 않다.

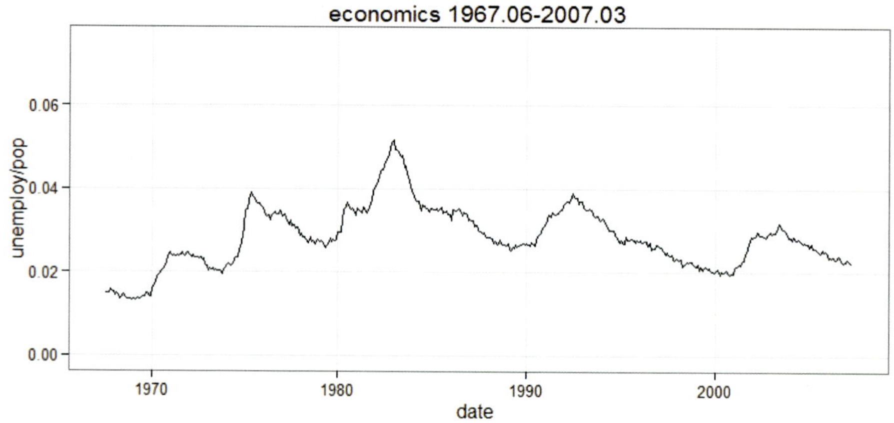

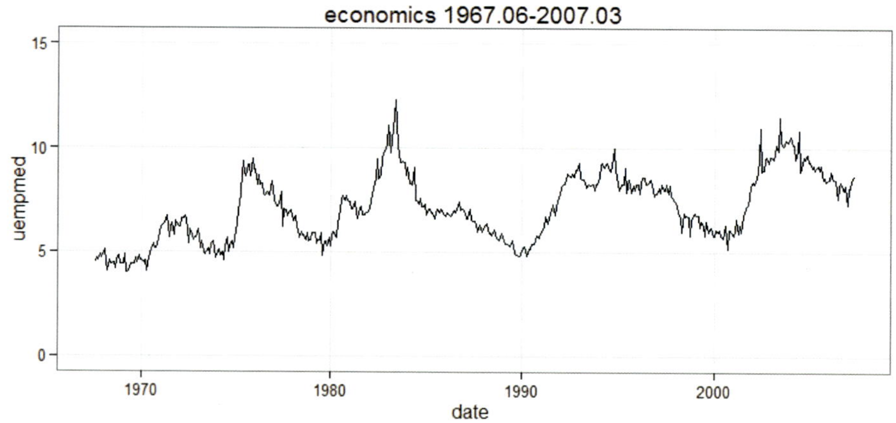

그림 1. 실업자 비율과 실업기간(주)의 변화: 1967년 6월-2007년 3월

R 스크립트: timeseries path.r

`ggplot2` 팩키지에서 `geom`은 그래프의 기하적 오브젝트를 의미한다. 예컨대 `geom ="path"`는 '지나온 길'이고 `geom="line"`은 연결-선 도표이다. `theme_bw()`는 그래프 바탕을 흑백(black-and-white)으로 만든다.

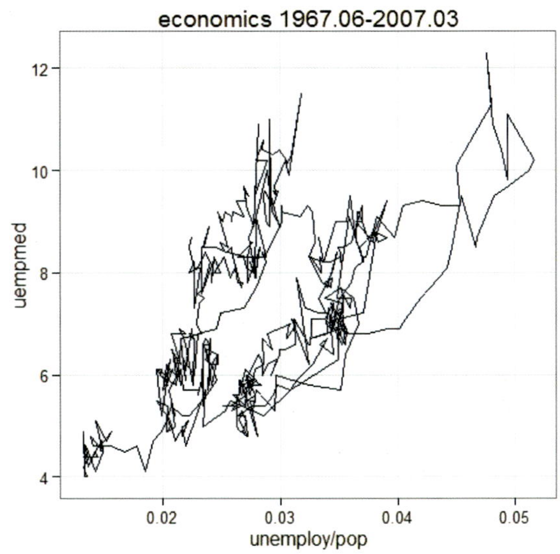

그림 2a. 실업자 비율과 실업기간(주)의 path plot

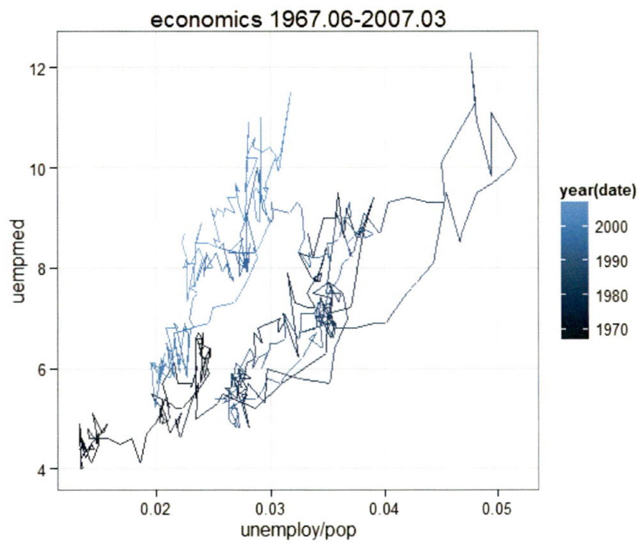

그림 2b. 실업자 비율과 실업기간(주)의 path plot

```
# Path of two time-series, from the book "ggplot2"
# by Hadley Wickham, 2009
library(ggplot2)
windows(height=4, width=8)
qplot(date, unemploy/pop, data = economics,
   geom = "line", ylim=c(0,0.075),
   main="economics 1967.06-2007.03") + theme_bw()
qplot(date, uempmed, data = economics, geom = "line",
   ylim=c(0,15), main="economics 1967.06-2007.03" +
   theme_bw()

windows(height=5, width=5)
qplot(unemploy/pop, uempmed, data = economics,
   geom = "path", main="economics 1967.06-2007.03") +
      theme_bw()
year <- function(x) as.POSIXlt(x)$year + 1900
windows(height=5, width=6)
qplot(unemploy/pop, uempmed, data = economics,
   geom = "path", colour = year(date),
   main="economics 1967.06-2007.03") + theme_bw()
```

24. 조건부 플롯 conditioning plot

개요: 조건부 플롯은 제3의 변수(= Z)의 수준에 따라 병렬되는 일련의 통계 그래프이다. 그래프가 두 변수(= X,Y) 간 산점도에서는 X와 Y의 관계가 Z에 따라 어떻게 달라지는가를 볼 수 있다.

보기: Deepayan Sarkar가 만든 R의 `lattice` 패키지는 Trellis 그래픽스가 구현된 R의 패키지이다. 제3의 변수에 조건화된 일련의 깔끔한 그래프를 만들어낸다. 예컨대, 피지 섬의 지진 `quakes` 자료에 대하여, 그림 1은 진앙의 깊이 그룹(= Z) 별로 지진의 위치(경도 X, 위도 Y)를 살펴보는 산점도이다. 진앙의 깊이는 같은 비율의 4개 구간 `depth.grp`으로 그룹화 되었다. 진앙이 깊은 것들이 지역의 중앙에 가까운 것을 볼 수 있다.

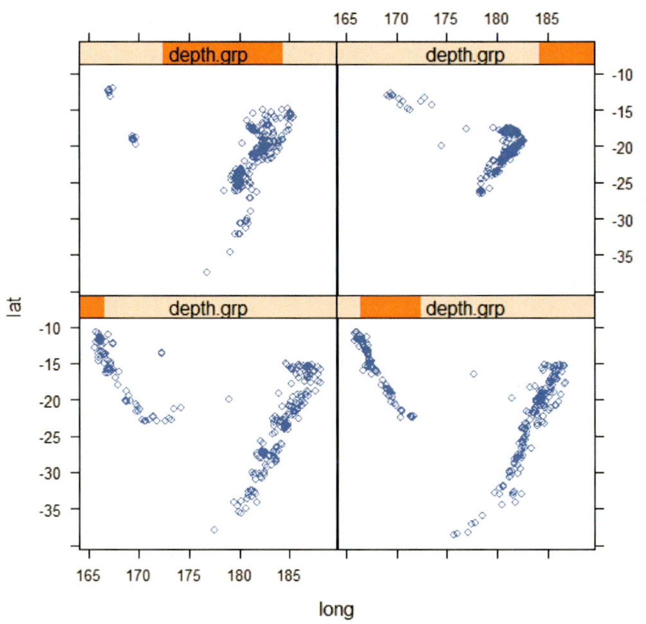

그림 1. 지진의 위치 (경도와 위도): 진앙의 깊이에 따른...

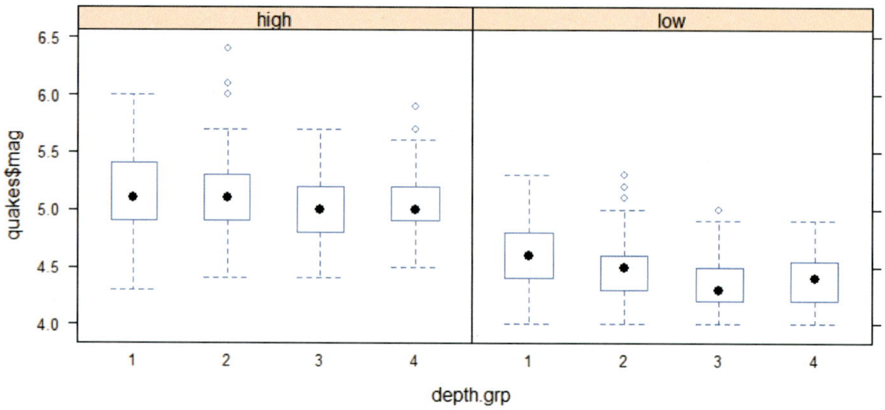

그림 2. 진앙의 깊이 그룹 별 지진의 강도: 보고 빈도 ="high", "low"

조건부 플롯(conditioning plot)은 다양한 그래프에 적용될 수 있다. 예컨대 그림 2는 상자그림(box plot)에 적용된 예이다. 앞의 **quakes** 자료에서 변수 **stations**는 지진을 관측한 측정소의 수인데 40개를 기준으로 이상인 "high"와 미만인 "low"로 그룹화하여 깊이 대(帶) **depth.grp** 별 지진 강도(= **mag**)를 비교하는 상자그림이다. "high" 그룹과 "low" 그룹 간 강도는 차이가 있지만 깊이와 강도는 무관함을 볼 수 있다.

R 스크립트: conditioning plot.r

```
library(lattice)
data(quakes)
depth.grp <- equal.count(quakes$depth, number=4, overlap=0)
xyplot(lat ~ long | depth.grp, data = quakes)
stations.grp <- ifelse(quakes$stations < 40, "low", "high")
windows(height=4, width=8)
bwplot(quakes$mag ~ depth.grp | stations.grp)
```

* **equal.count**는 연속형 변수를 같은 빈도의 구간으로 나누는 함수이다.

25. 움직이는 산점도 moving scatterplot

개요: 산점도(散點圖)는 2개의 수치형 변수 간 관계를 보여준다. 이를 확장한 '움직이는 산점도(moving scatterplot)'는 3변량 이상의 수치형 자료를 시각화한다. [이 절은 허명회 (2013) 《통계 계산》의 13장 일부와 같다.]

1. 종속변수 Y와 설명변수 X1, X2, X3, …

통계자료가 1개의 종속변수 Y와 3개 이상의 설명변수 X1, X2, X3, … 으로 구성되어 있는 경우를 상정하기로 한다. 많은 변수들 사이의 관계를 살펴보기 위해서 산점도 행렬을 생각할 수도 있겠으나 변수 수가 커지면 플롯의 크기가 반비례하여 작아지므로 개별 플롯을 살펴보기가 쉽지 않다.

이에 대한 대안으로 Y 대 X1, Y 대 X2, Y 대 X3, …의 산점도를 순서대로 펼치면서, 인접 2개 변수가 $\cos\theta$와 $\sin\theta$로 결합된 '복합' 설명변수를 수평축에 놓은 산점도를 사이사이에 끼워 넣는 방법을 생각하자.

인접변수가 X1과 X2인 경우 (Y, X1, X2를 $\boldsymbol{y}, \boldsymbol{x}_1, \boldsymbol{x}_2$로 표기함)

$$\boldsymbol{y} \quad \text{대} \quad \boldsymbol{x}_{12,\theta} \, (= \boldsymbol{x}_1 \cos\theta + \boldsymbol{x}_2 \sin\theta), \qquad 0 \leqq \theta \leqq \pi/2.$$

를 설명변수로 하자는 것이다. 여기서 θ는 $\boldsymbol{x}_1$과 $\boldsymbol{x}_2$의 결합계수를 연속적으로 바뀌게 하는 파라미터로서 0부터 $\pi/2$까지 변화한다.

이 방법은 설명변수 X1, X2, X3, …의 배열 순서에 의존한다. 따라서 이것들을 어떻게 배열하는 것이 좋을까를 궁리할 필요가 있다.

Hurley(2006)의 끝 잇기(endlink) 알고리즘은 총 유사도가 최대가 되도록 또는 거리 합이 최소가 되도록 개체들을 한 줄로 잇는다. 따라서 변수들에 적용되는 경우 이 알고리즘은 유사한 변수를 이웃에 배치한다. 그 결과로서, 종속변수 대 '복합' 설명변수 간 관계가 부드럽게 흐르는 효과가 도출될 수 있다. 그런 이유로 변수들의 배열을 끝 잇기 알고리즘으로 한다.

한 예로서 gclus 팩키지의 오존 자료에 이 방법을 적용해보기로 한다. 이 자료에서 종속변수는 ozone이고 이에 대한 설명변수 8개는 다음과 같다.

X1 = Temp: Temperature F. (max?).
X2 = InvHt: Inversion base height, feet
X3 = Pres: Daggett pressure gradient (mm Hg)
X4 = Vis: Visibility (miles)
X5 = Hgt: Vandenburg 500 millibar height (m)
X6 = Hum: Humidity, percent
X7 = InvTmp: Inversion base temperature, degrees F.
X8 = Wind: Wind speed, mph

이 변수들을 끝 잇기 알고리즘으로 순서화한 결과는 다음과 같다.

X5 - X7 - X1 - X6 - X3 - X8 - X2 - X4.

이제 $\boldsymbol{y}$ 대 $\boldsymbol{x}_{j_k j_{k+1}, \theta}$의 산점도를 그린다 ($k = 1, \cdots, p-1;\ p = 8$). 여기서

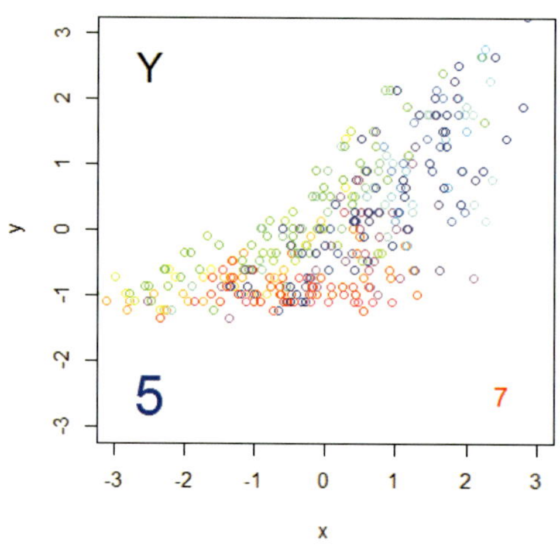

그림 1. Y 대 X5의 산점도와 Y 대 X7의 산점도의 사이

$j_1, j_2, \cdots, j_p$는 앞의 변수 순서이고 (즉, 5, 7, 1, 6, 3, 8, 2, 4)

$$\boldsymbol{x}_{j_k j_{k+1}, \theta} = \boldsymbol{x}_{j_k} \cos\theta + \boldsymbol{x}_{j_{k+1}} \sin\theta, \quad 0 \leqq \theta \leqq \pi/2$$

이다. 실제로 θ는 0부터 $\pi/2$까지 조금씩 증가하도록 설정된다. 그림 1은 Y 대 X5의 산점도에서 Y 대 X7의 산점도로 이동하는 도중에 생기는 한 장면의 산점도이다 (X5와 X7은 설명변수 배열에서 첫 2개 변수이다).

R 스크립트. moving scatterplot_2.r

```
library(gclus)
data(ozone)
y <- scale(ozone[ ,1] )
X <- scale(ozone[ ,2:9] )
n <- length(y)
p <- ncol(X)
v.order <- order.endlink(cor(X))
v.order
cuts <- 15
sec <- 0.2
for (j in 1:(p-1)) {
   x1 <- X[ ,v.order[ j]]
   j.1 <- j + 1
   x2 <- X[ ,v.order[ j.1]]
   for (i in 1:(cuts+1)){
      theta <- (i-1)/cuts*pi/2
      x <- cos(theta)*x1 + sin(theta)*x2
      plot(x, y, col=rainbow(n),xlim=c(-3,3), ylim=c(-3,3))
      text(-2.5,-2.5, v.order[ j] ,col="blue",
            cex=1+2*(cuts-i+1)/cuts)
      text( 2.5,-2.5, v.order[ j.1] ,col="red",cex=1+2*(i-1)/cuts)
      text(-2.5,2.5, "Y",cex=2)
      Sys.sleep(sec)
   }
}
```

* gclus 팩키지의 order.endlink( )는 끝 잇기를 하는 함수이다.

2. 설명변수 X1, X2, X3, … 간의 관계

종속변수를 포함하지 않는 자료세트에서 $p\,(\geq 3)$개의 변수들 간의 관계를 움직이는 산점도로 탐색해보자. 다음 방법을 제안한다.

[1] 각 변수 $j\,(=1,\cdots,p)$에 대하여 다음 단계의 작업을 한다.

[2] 변수 j를 Y 변수로 간주하고 나머지 변수들을 X 변수들로 간주하여 앞의 "종속변수 Y와 설명변수 X1, X2, X3, …" 방법을 적용한다. 즉, $p\geq 4$인 경우에는 변수 j를 제외한 나머지 변수들을 끝 잇기 알고리즘에 따라 배열하여 그 순서대로 변수 j와의 산점도를 그린다.

한 예로서, 앞의 오존(ozone) 자료에서 설명변수 8개(X1부터 X8까지) 자료에 이 방법을 적용해보자. 그림 2는 변수 X3(=Pres)에 대한 일련의 움직이는 산점도 흐름에서의 한 장면이다. Y 축이 X3으로 고정된 상태에서 X 축이 X1(=Temp)에서 X6(=Hum)으로 바뀌는 과정에 있다.

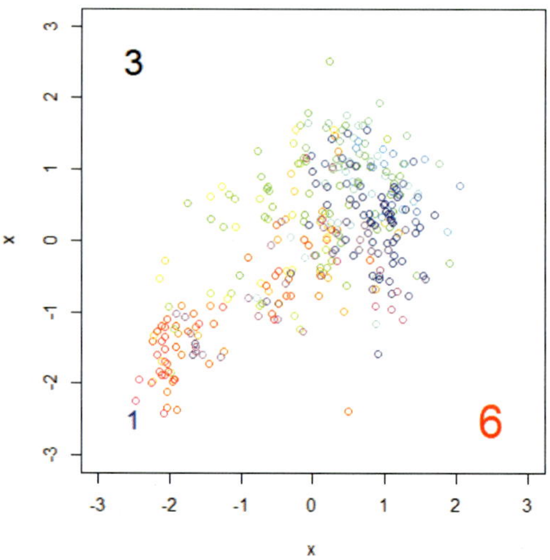

그림 2. X1 대 X3의 산점도 → X6 대 X3의 산점도

R 스크립트. moving scatterplot_3.r

```
library(gclus)
data(ozone)
X <- scale(ozone[ ,2:9] )
n <- length(y)
p <- ncol(X)

cuts <- 15
sec <- 0.2
for (j in 1:p) {
    y <- X[ ,j]
    v.order <- order.endlink(cor(X[ ,-j] ))
    v.order.1 <- (1:p)[ -j][ v.order]
    for (k in 1:(p-2)){
      x1 <- X[ ,v.order.1[ k] ]
      k.1 <- k + 1
      x2 <- X[ ,v.order.1[ k.1] ]
      for (i in 1:(cuts+1)){
        theta <- (i-1)/cuts*pi/2
        x <- cos(theta)*x1 + sin(theta)*x2
        plot(x, y, col=rainbow(n), xlim=c(-3,3),
                  ylim=c(-3,3), ylab="x")
        text(-2.5,-2.5, v.order.1[ k] , col="blue",
                  cex=1+2*(cuts-i+1)/cuts)
        text( 2.5,-2.5, v.order.1[ k.1] , col="red",
                  cex=1+2*(i-1)/cuts)
        text(-2.5,2.5, j, cex=2)
        Sys.sleep(sec)
      }
    }
}
```

* gclus 팩키지의 order.endlink( )는 끝 잇기를 하는 함수이다.

부록. R 입문 Introduction to R

개요: 컴퓨터 프로그래밍을 배우는 데는 여러 방식이 있지만 그 중 으뜸은 '따라 하기'이다. 교재 R 스크립트의 복사본을 실행해보고 그것이 되는 것을 확인한 다음엔 상황에 맞게 스크립트의 일부를 변형해 보는 것이다.

1. R의 설치

R은 오픈소스의 통계 언어・소프트웨어이다. 각자 자유롭게 R 소스를 내려받아 설치할 수 있다. 그 방법은 다음과 같다.

1) R의 공식 홈페이지 http://www.r-project.org에 접속한다.

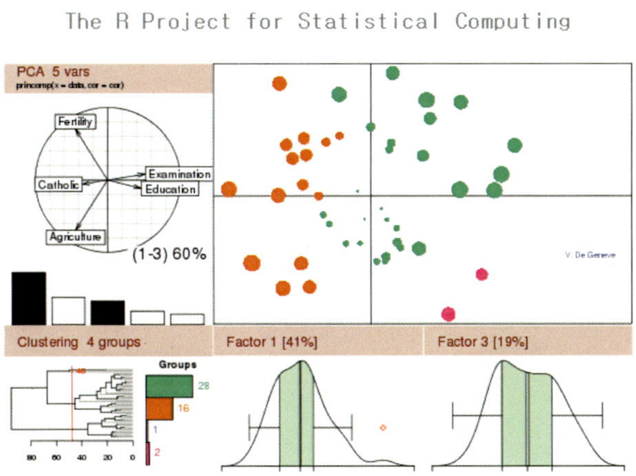

2) CRAN을 클릭한다.

About R
What is R?
Contributors
Screenshots
What's new?

Download, Packages
CRAN

3) `CRAN Mirrors`가 나타나면 Korea 사이트를 찾아 들어간다.

Korea

http://cran.nexr.com/	NexR Corporation, Seoul
http://biostat.cau.ac.kr/CRAN/	Chung-Ang University, Seoul

4) Download R for Windows를 클릭하고 **base**를 내려 받고 설치한다.

- Download R for Linux
- Download R for (Mac) OS X
- Download R for Windows

5) 설치된 R을 실행시키면 아래와 같은 R Gui의 첫 화면이 나온다. R 콘솔 화면에서 버전 번호를 확인하라 (R 버전은 설치 일에 따라 다를 수 있다).

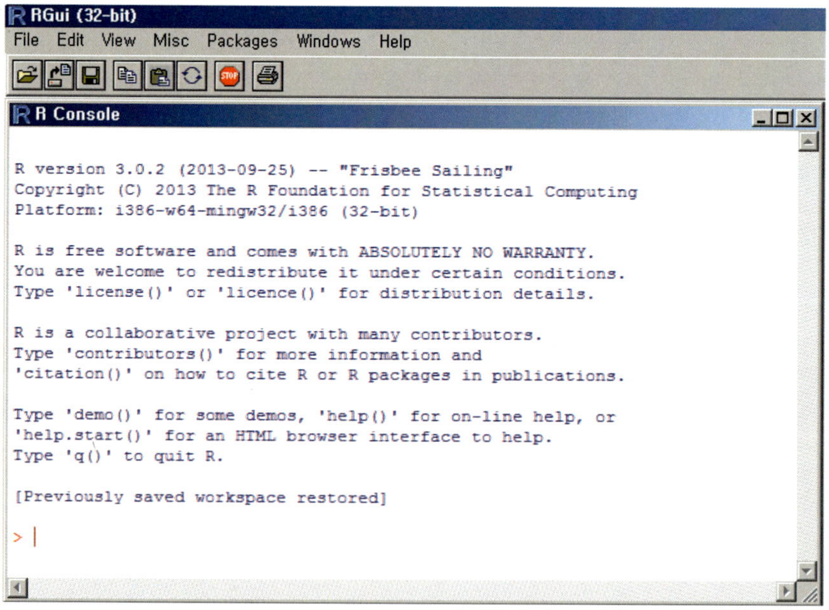

2. R 스크립트의 실행

1) R Gui의 File 메뉴에 Change directory가 있다. 이것에 들어가 교재 R 스크립트가 위치한 파일 폴더를 지정한다. 이것이 제대로 되지 않으면 분석 데이터가 R 시스템에 들어가지 않을 수 있다.

2) R Gui의 File 메뉴에 Open script가 있다. 이것에 들어가 R 스크립트를 불러낸다.

3) R 스크립트 창에 들어가 실행할 부분을 선택하여 실행 한다 (마우스 오른쪽 버튼). `Run line or selection`

3. R 팩키지의 설치

교재 R 스크립트가 특정 R 팩키지를 요구하는 경우가 있다. 만약 R 시스템에 그 팩키지가 들어와 있지 않다면 새로 설치해야 한다. R 팩키지의 설치 방법은 다음과 같다.

R Gui의 `Packages` 메뉴에 `Install package(s)`가 있다. 이것에 들어가면 `CRAN mirror`를 선택하는 창이 열린다.

Korea의 `CRAN mirror(Seoul1,Seoul2)`를 지정한다. 이어서 원하는 R 팩키지를 지정한다.

R Gui의 `Packages` 메뉴에 `Load package(s)`가 있다. 이것에 들어가면 현재 R 시스템에 설치되어 있는 팩키지들이 리스트 된다. 리스트에 특정 팩키지가 포함되어 있는지를 확인할 필요가 있다.

4. R의 출력

R 스크립트의 실행 결과 중 텍스트 출력은 R 콘솔(console) 창에 나타난다. 그래프는 R Graphics 창에 나타난다. 그래픽스 창의 그래프는 **Copy bitmap** (오른쪽 마우스 버튼)하여 문서 내에 **Paste**를 할 수 있다.

* 다음 소절은 《통계계산》 (허명회, 2013)의 부록에서 따온 것이다.

5. R 활용의 기초

R은 사용자가 프로그래밍하여 만든 스크립트로 실행된다. 따라서 쉽지는 않다. 그렇다고 어려운 것은 아니다. R의 기본 활용에 대하여는 시중에 여러 서적이 많다. 인터넷에서 공개 자료도 찾을 수 있을 것이다. <R을 활용한 탐색적 자료 분석> (허명회, 2011 개정판)의 제1장 "R 언어" 정도를 공부해보길 권고한다.

R 활용의 기본을 공부하고 나서도 실제에 들어가면 각종 오류가 출현한다. 다음은 초보자가 겪는 몇 가지 대표적 오류들이다.

1) upper-case ≠ lower-case.

R에서는 대문자와 소문자가 다르다. x에 $N(0,1)$로부터의 임의 수 100개를 넣고 이에 대한 수치요약을 구하기 위하여 다음을 실행하여 보자.

```
> x <- rnorm(100)
> summary(X)
```

그러면 화면에 결과가 나오는 대신

```
Error in summary(X) : object 'X' not found
```

가 뜨는데, 그 이유는 X라는 것이 없기 때문이다. 다음과 같이 x여야 한다.

```
> summary(x)
```

2) 작업 디렉터리(working directory)의 오(誤)지정.

R에서 외부 자료를 불러드리고자 하는 경우 자료 파일의 위치가 제대로 지정되어야 한다. 다음을 보라. csv 파일을 읽어 e2012에 넣고자 한다.

```
> e2012 <- read.csv("election2012.csv",header=T)
Error in file(file, "rt") : cannot open the connection
...
In file(file, "rt") : cannot open file 'election2012.csv':
No such file or directory
```

오류 내용은 그런 파일 또는 디렉터리가 없다는 것이다. 외부 자료를 불러들이기 위해서는 setwd (set working directory)로 자료 파일이 위치한 디렉터리가 지정되어야 한다. 다음과 같은 식이다 (slash의 방향에 유념하라).

```
> setwd("g:/statistical computing/R")
> e2012 <- read.csv("election2012.csv",header=T)
```

한 대안은 R 메뉴에서

File - Change dir...

에 들어가 디렉터리를 바꾸는 것이다 (Change directory).

3) 팩키지의 미(未)설치. 사용자가 쓰려는 함수가 사용자의 R 시스템 내에 있지 않음으로 해서 발생하는 오류이다. 아래는 mpfr 함수를 쓰고자 한 예이다.

```
> a <- mpfr(1/3,100)
Error: could not find function "mpfr"
```

오류 내용은 그런 함수를 찾지 못하였다는 것이다. 그 함수가 담긴 Rmpfr 팩키지가 R 시스템에 들어와 있지 않기 때문이다. 만약 Rmpfr 팩키지가 설치되어 있지 않으므로 Install package(s)부터 해야 한다. 그리고나서

```
> library(Rmpfr)
> a <- mpfr(1/3,100)
```

4) 괄호(parenthesis)의 사용. R에서 사용하는 괄호는 “)”와 “[]”, 그리고 “{}” 등이다. “()”는 함수의 인수 부분을 지칭하는 데 쓰고 “[]”는 벡터와 행렬 등에서 특정 요소를 지칭하는 데 쓴다. 예를 보자.

```
> log(exp(1))
```

이 값은 1이다. 그러나 다음은 오류이다.

```
> log[exp(1)]
Error in log[exp(1)]: object of type 'special' is not subsettable
```

“{}”는 2개 이상의 R 문을 블록으로 묶는 데 쓴다.

5) 곱셈 기호 “*”의 누락. 다음은 오류이다.

```
> n <- 10
> n2 <- 2n
Error: unexpected symbol in "n2 <- 2n"
```

당연히 다음과 같이 곱의 대상인 두 값 사이에 “*”가 있어야 한다.

```
> n2 <- 2*n
```

6) 셀 수 없을 만큼 많은 오류 유형이 있다. 프로그래머는 자신에 엄격해야 한다. 프로그래머의 직업적 장점은 인격 수양이 저절로 된다는 점이다.

참고문헌 References

박동련 (2006). <R에 의한 통계 그래픽스>. 자유아카데미.

* R 그래프 작성의 기술적 세부 사항을 알고자 할 때 도움이 된다.

유충현, 이상호, 김정일 (2005). <R 그래픽스>. 자유아카데미.

* R 그래프 작성의 기술적 세부 사항을 알고자 할 때 도움이 된다.

폴 티터 지음, 이제원 옮김. (2012). <R Cookbook>. 인사이트.

* R의 세부 사항을 알고자 할 때 도움이 된다. 말 그대로 쿠킹 북이다.

허명회 (2011). <R을 활용한 탐색적 자료분석> 개정판. 자유아카데미.

* R의 기초를 익히고자 한다면 1장의 R 언어를 공부하라.

허명회 (2013). <통계계산 Statistical Computing using R>. 자유아카데미.

* R 프로그래밍의 일반적 역량을 높이고자 한다면 이 책을 공부하라.

Mittal, H.V. (2011). R Graphs Cookbook. Packt Publishing.

Murrell, P. (2006). R Graphics. Chapman and Hall.

Sarkar, D. (2008). Lattice: Multivariate Data Visualization with R. Springer.

Wickham, H. (2009). ggplot2: Elegant Graphics for Data Analysis. Springer.

Yau, N. (2011). Visualize This: The FlowingData Guide to Design, Visualization, and Statistics. Wiley.

* 번역본: 비주얼라이즈 디스 (송용근 옮김, 에이콘. 2012). 교양을 높여준다.

Yau, N. (2013). Data Points: Visualization that Means Something. Wiley.

* 번역본: 데이터 포인트 (서경진 옮김, 비제이퍼블릭. 2013). 교양을 높여준다.

http://flowingdata.com * Nathan Yau의 웹 사이트, 전문가의 식견을 보여준다.

| 저자 소개 |

허 명 회(許 明 會)

서울대학교 자연과학대학 계산통계학과 (졸업)
미국 스탠포드대학교 통계학과 대학원 (통계학 Ph.D.)
현) 고려대학교 정경대학 통계학과 교수

저 서

R을 활용한 사회네트워크분석 입문
R을 활용한 행렬의 이해와 계산
탐색적 다변량자료 분석
조사방법론 강의
법과 통계학
통계계산 (Statistical Computing Using R) 외 여러 권

데이터 시각화

저 자	허 명 회
발 행 인	김 지 영
발 행 처	자유아카데미
주 소	경기도 파주시 회동길 37-42 파주출판도시
전 화	031-955-1321
팩 스	031-955-1322
홈페이지	www.freeaca.com
전자우편	main@freeaca.com(대표) editor@freeaca.com(편집) crm@freeaca.com(영업)
등 록	제406-2003-017호, 1980. 7. 12
제1판1쇄	2014년 5월 20일 발행
제1판2쇄	2023년 1월 5일 발행
정 가	12,000원

ISBN 978-89-7338-380-1 93310